JN001264

数学ガールの秘密ノート

Mathematical Girls: The Secret Notebook(Complex Numbers)

複素数の広がり

結城 浩
Hiroshi Yuki

SB Creative

●ホームページのお知らせ

本書に関する最新情報は、以下の URL から入手することができます。

https://www.hyuki.com/girl/

この URL は、著者が個人的に運営しているホームページの一部です。

あなたへ

この本では、ユーリ、テトラちゃん、ミルカさん、そして「僕」が数学トークを繰り広げます。

彼女たちの話がよくわからなくても、数式や図形の意味がよくわからなくても先に進んでみてください。でも、彼女たちの言葉にはよく耳を傾けてね。

そのとき、あなたも数学トークに加わることになるのですから。

登場人物紹介

「僕」
　　高校生、語り手。
　　数学、特に数式が好き。

ユーリ
　　中学生、「僕」のいとこ。
　　栗色のポニーテール。論理的な思考が好き。

テトラちゃん
　　「僕」の後輩の高校生、いつも張り切っている《元気少女》。
　　ショートカットで、大きな目がチャームポイント。

ミルカさん
　　「僕」のクラスメートの高校生、数学が得意な《饒舌才媛》。
　　長い黒髪にメタルフレームの眼鏡。

C O N T E N T S

プロローグ

ここに点がある。
たった一個の点だ。

長く続く線がある。
どこまでも続く一本の線だ。
線の上には無数の点がある。

大きく広がる面がある。
どこまでも広がる一枚の面だ。
面の上には無数の点と線がある。

点から線へ。

　　世界が続くとき、何が起こっているのだろう。

線から面へ。

　　世界を広げるには、何を起こせばいいのだろう。

ここに僕がいる。
たった一人の僕だ。

いま僕は——どこへ向かえばいいのだろう。

第 1 章

直線上を行ったり来たり

"二つの数を掛け合わせたら、どんな不思議が起きるのだろう。"

1.1　僕の部屋

ユーリ「ねー、お兄ちゃん。何かおもしろい話なーい？」

僕「本探しはもう飽きたのか、早いなあ」

　ユーリは僕のいとこ。中学生だ。

　小さいときからいっしょに遊んできたから、僕のことをいつも《お兄ちゃん》と呼ぶ。

　休みの日、彼女はうちへ遊びに来る。さっきまで僕の本棚から読み物を見つけようとしていたけど、もうあきらめたらしい。

ユーリ「だって、新しい本増えてないじゃん。ここにある本なんて、みーんな読んじゃったよ」

　ユーリはそう言って、本棚を抱えるかのように両手を広げた。

僕「いやいや、さすがに全部は読んでないだろ？」

ユーリ「読みたい本は全部読んじゃったってこと。読みたい本は全部読んじゃったんだから、残っている本があったとしても

　それは読みたい本じゃない。読みたくない本が残ってても意
　味ないのー！」

　彼女はそんな理屈を展開すると、ふむっと鼻を鳴らした。

僕「おもしろい話と言われてもねえ……」

ユーリ「おもしろいクイズとかないの？　ややこしー数式が出て
　　こなくて、でも単純じゃなくて、引っ掛け問題でもない。そ
　　んな、わくわくするクイズ」

僕「ハードルいきなり上げるなよ。じゃ、こういう**クイズ**は？」

1.2　2乗すると9になる数

> **クイズ**
> 2乗すると9になる数は何か。

ユーリ「2乗すると9になる数は何か……ねー、お兄ちゃん。ユー
　　リはちゃんと《単純じゃなくて》って言ったよね！」

僕「このクイズは単純すぎた？」

ユーリ「2乗すると9になる数って、3と −3 でしょ？」

僕「そうだね。正解！　よく −3 を忘れなかったね！」

$$3^2 = \underbrace{3 \times 3}_{3 \text{ を } 2 \text{ 個掛ける}} = 9$$

$$(-3)^2 = \underbrace{(-3) \times (-3)}_{-3 \text{ を } 2 \text{ 個掛ける}} = 9$$

ユーリ「ほめられた感じ、しなーい。カンタンすぎるもん！」

クイズの答え
2乗すると9になる数は、3と−3である。

僕「じゃ、もっと難しいクイズにしよう」

ユーリ「2乗して16になる数は4と−4だし、2乗して25になる数は5と−5だ！」

僕「話を先取りするなよ……」

ユーリ「お兄ちゃんが言いそうなことはわかるもん」

僕「じゃあ、全然違うクイズにしようか」

ユーリ「待って。**マイナス×マイナスは、どーしてプラス**？」

僕「ん？ マイナスの数とマイナスの数を掛けた結果がプラスの数になる理由ってこと？」

ユーリ「そーゆーこと。−3と−3を掛けると9でプラスになる。−3と−2を掛けると6でプラスになる。どーして？」

$$(-3) \times (-3) = 9 = +9$$
$$(-3) \times (-2) = 6 = +6$$

僕「どうしてと言われても困るなあ……強いて言えば、そのように約束したから、だけど」

ユーリ「んーんんん。何だかナットクいかないんだよねー」

僕「でもユーリは、掛け算そのものは知ってる」

ユーリ「知ってるよん。プラスとプラス、マイナスとマイナスみたいに符号が同じ数を掛けるとプラスでしょ」

僕「そうだね」

ユーリ「それから、プラスとマイナス、マイナスとプラスみたいに符号が違う数を掛けるとマイナスになる。知ってるもん」

僕「その通り！ 正負の数の掛け算はこう整理できるね」

正負の数の掛け算（同符号か異符号か）

● 符号が同じ数を掛けた結果はプラスになる

$$(+3) \times (+2) = +6 \qquad プラス \times プラス$$

$$(-3) \times (-2) = +6 \qquad マイナス \times マイナス$$

● 符号が異なる数を掛けた結果はマイナスになる

$$(+3) \times (-2) = -6 \qquad プラス \times マイナス$$

$$(-3) \times (+2) = -6 \qquad マイナス \times プラス$$

ユーリ「この中で、マイナス×マイナスだけ引っかかるの」

僕「確かに、足し算に比べると、掛け算はピンと来ないかもね」

ユーリ「でも、ピンと来ないのはマイナス×マイナスだけだよ！」

僕「マイナス×マイナスがどうなったら納得するんだろう」

ユーリ「あのね、マイナス×マイナスはプラスになるんじゃなくて、もっとマイナスになりそーなの」

僕「なるほど？」

ユーリ「マイナスを掛けてるのに増えるところが引っかかる」

僕「なるほど、なるほど。それはユーリが持っているイメージのせいかもしれないよ」

ユーリ「イメージって？」

僕「イメージというか、雰囲気的な思い込みだね。マイナスの数
　　に対して《減る》というイメージがあって、掛け算に対して
　　《増える》というイメージがあるから混乱するのかも」

ユーリ「うーん……」

僕「マイナスにマイナスを足したときは確かにもっとマイナスに
　　感じるよ。たとえば、−3 に −2 を足すと −5 だからね。

$$(-3) + (-2) = -5$$

　　でも、そのイメージを掛け算まで持ち込んじゃうとまずい」

ユーリ「おおっ！ その話、もーちょっと詳しく！」

僕「急に食いついてきたな。じゃあね、プラスとマイナスの計算
　　について、改めていっしょに考えようか」

ユーリ「おー！」

1.3 符号は向き

僕「いまから話すのは実数（じっすう）という数のこと」

ユーリ「じっすー」

僕「実数は、数直線（すうちょくせん）上にある数だと考えればわかりやすいよ」

数直線

ユーリ「すーちょくせん、知ってる」

僕「この数直線上にある点はすべて実数に対応している。この図だと $-4, -3, -2, -1, 0, +1, +2, +3, +4$ に目盛りがあるけど、目盛りがある点だけじゃなくて、数直線上にある点はすべて実数に対応している。たとえば、1.5 や、-1.5 や、$-\frac{1}{3}$ や、$\pi = 3.14159\cdots$ などだね」

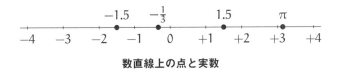

数直線上の点と実数

ユーリ「ずううっと右の方にある 100000 とか」

僕「そうだね！ 数直線上の点に対応している数が実数。だから、実数は必ず 0 より大きいか、0 に等しいか、0 より小さい」

ユーリ「プラスか 0 かマイナスか」

僕「そういうこと」

ユーリ「$+1, +2, +3, +4$ って、1, 2, 3, 4 でしょ？」

僕「うん、そうだよ。プラスであることを強調したいときは $+1$ のようにプラスを付けて書くことがあるけど、1 と書いてもまったく同じ」

ユーリ「おっけー」

僕「数直線で 0 に対応する点のことを**原点**と呼ぶことにする」

ユーリ「げんてん」

僕「そうすると、+1, +2, +3, +4, ... というプラスの数は、数直線で原点よりも右の方にある。そして、−1, −2, −3, −4, ... というマイナスの数は、数直線で原点よりも左の方にある」

ユーリ「そだね」

僕「だから、＋ と − という符号は原点から見たときの《向き》を表しているといえる」

ユーリ「プラスは右向きで、マイナスは左向き」

僕「プラスが右向きでマイナスが左向きというのは、そう書くことが多いってだけだから、《正の向き》と《負の向き》という方がいいよ。0 より大きい数のことは《正の数》というし、0 より小さい数は《負の数》という。0 は正と負のどちらでもない。ここまで、難しくはないよね」

ユーリ「難しくはないけど、わくわくもしない」

僕「まあまあ。1 と 3 は、どちらも正の数で《向き》が同じ」

ユーリ「正の向き」

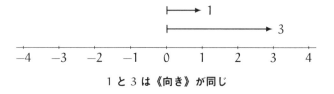

1 と 3 は《向き》が同じ

僕「そして −1 と −3 では、どちらも負の数で《向き》が同じ。
　　さっきとは反対向きだけどね」

ユーリ「負の向き」

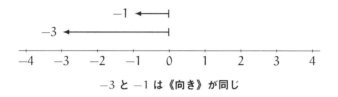

−3 と −1 は《向き》が同じ

僕「ここで +3 と −3 は原点からの《距離》は等しいけど《向き》
　　は反対だ」

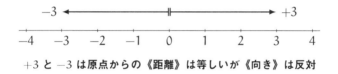

+3 と −3 は原点からの《距離》は等しいが《向き》は反対

ユーリ「距離って何？」

僕「原点からの《距離》っていうのは、原点から《どれだけ離れ
　　ているか》のこと。この図では、矢印の長さになる。+3 と
　　−3 の矢印の長さは等しいけど、矢印の向きは反対だね」

ユーリ「ふむふむ」

僕「原点からの《距離》のことを、その数の<ruby>絶対値<rt>ぜったい ち</rt></ruby>という」

ユーリ「ぜったいち」

僕「+3 の絶対値は 3 で、−3 の絶対値も 3 になる。+3 と −3 は
　　どちらも原点からの《距離》は 3 だから。0 の絶対値は 0 に

なる。ここまで、納得？」

ユーリ「ナットクはしてるけど、わくわくはしてない。だって、ユーリが知ってる当たり前の話ばっかりだもん」

僕「《当たり前のことから出発するのはいいこと》だから。だんだんおもしろくなるよ」

ユーリ「だといいけどにゃぁ」

ユーリは猫語で疑わしそうな声を上げた。

僕「数直線上の点は、原点から見たときの《向き》と原点からの《距離》を持っている。そして実数は正負の《符号》と《絶対値》を持っている。原点から見たときの《向き》は《符号》に対応して、原点からの《距離》は《絶対値》に対応しているんだね」

$$3 = \underbrace{(+1)}_{\substack{\text{符号} \\ \text{《向き》}}} \times \underbrace{3}_{\substack{\text{絶対値} \\ \text{《距離》}}}$$

$$-3 = \underbrace{(-1)}_{\substack{\text{符号} \\ \text{《向き》}}} \times \underbrace{3}_{\substack{\text{絶対値} \\ \text{《距離》}}}$$

ユーリ「ほほー」

僕「《向き》と《距離》を持っているものとして、実数は数直線上の矢印として考えられる。そしてこれは、実数を**ベクトル**とし

て考えてることになる。ベクトルは話したことがあるよね*」

ユーリ「ベクトル！」

僕「あのときは、平面上の矢印でベクトルを説明したけど、実数を数直線上の矢印として考えれば同じようにベクトルと見なせるんだ」

ユーリ「へー！」

1.4 実数の足し算

僕「実数を矢印で考えると《実数の足し算》は《矢印をつなげる》ことに相当する。たとえば、3 と 2 を足すと二つの矢印をつないで 5 になる」

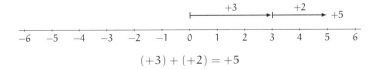

$$(+3) + (+2) = +5$$

ユーリ「うん、わかる。−3 と −2 を足すと、−5 になる」

$$(-3) + (-2) = -5$$

僕「それから、正の数と負の数を足し合わせると、いったん進ん

---
* 『数学ガールの秘密ノート／ベクトルの真実』参照。

だ向きとは反対向きに戻ってくることになる。たとえば、3
と −2 を足すと、正の向きに 3 だけ動いて、負の向きに 2 だ
け動くわけだ。こんなふうにね」

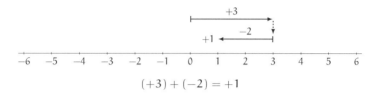

$$(+3) + (-2) = +1$$

ユーリ「そだね。だから、$(+3)+(-2)$ っていう足し算は、$3−2$ っ
ていう引き算と同じでしょ?」

僕「そういうこと。それから、$(-3)+(+2)$ は負の向きに 3 進ん
でから正の向きに 2 戻る」

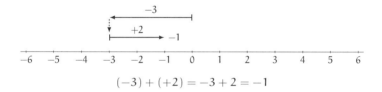

$$(-3) + (+2) = -3 + 2 = -1$$

ユーリ「$(-3)+(+2)$ は $2−3$ と同じ」

僕「そうだね。正の向きに 2 進んでから負の向きに 3 戻るのと、
結果は同じ。$−1$ になる」

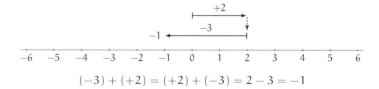

$$(-3) + (+2) = (+2) + (-3) = 2 - 3 = -1$$

ユーリ「カンタン、カンタン」

僕「足し算はやさしいね。でも掛け算はちょっと注意がいる」

1.5 実数の掛け算

ユーリ「掛け算は足し算を繰り返せばいいじゃん。矢印2個つな
　　　げたら2倍に伸びるし」

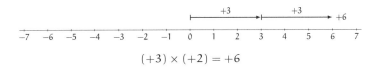

$$(+3) \times (+2) = +6$$

$$(-3) \times (+2) = -6$$

僕「ああ、そうだね。1倍、2倍、3倍……は、同じ矢印を1個、
　　2個、3個……つなげて伸ばせばいい。だから、正の数を掛ける
　　ときは気にならない。だから、しっかり考えたいのは、−2倍
　　のように負の数を掛けるときだ」

ユーリ「そこそこ！」

僕「実は −1 倍さえしっかり理解すればいい」

ユーリ「まいなすいちばい？」

僕「−1 倍するのは《向き》を反転することだと考える。そうする

　　とすべてすっきり納得できるよ」

ユーリ「おお？」

僕「たとえば、+3 に −1 を掛けると −3 になる。

$$(+3) \times (-1) = -3$$

　　数直線でそのようすを見よう。+3 に −1 を掛けると、+3 が
　　パタンと回って −3 になることがわかる。《向き》が反転して
　　いるね」

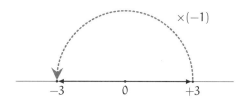

+3 に −1 を掛けると、《向き》が反転して −3 になる

ユーリ「ふむふむ、確かに」

僕「こんなふうに《−1 を掛ける》のは、パタンと回して《向き》
　　を反転することだと見なす」

ユーリ「そんで？」

僕「これを使えば、マイナス×マイナスがプラスになるのは、納
　　得しやすい。たとえば、$(-3) \times (-1)$ という計算をする。−3
　　に −1 を掛けると、結果は +3 になる。

$$(-3) \times (-1) = +3$$

　　数直線でそのようすを見ると、−3 の矢印がパタンと回って

+3 に来る。確かにここでも《向き》が反転していると見な
せる」

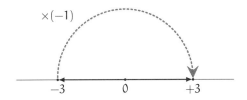

−3 に −1 を掛けると、《向き》が反転して 3 になる

ユーリ「それって、−2 を掛けるときでもうまくいくの？」

僕「−2 を掛けるときは、−1 を掛けてから 2 倍するんだ。つま
り《向き》を反転した矢印を 2 個つなげて伸ばす。たとえば、
$(+3) \times (-2)$ なら、+3 を反転してできた −3 を 2 個つなげ
て伸ばす」

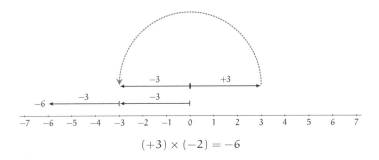

$$(+3) \times (-2) = -6$$

ユーリ「パタンと反転してから伸ばす。ほーほー」

僕「それからたとえば、$(-3) \times (-2)$ を計算するなら、−3 を反
転してできた +3 を 2 個つなげる」

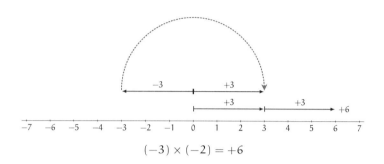

$$(-3) \times (-2) = +6$$

ユーリ「……」

僕「これはつまり、

$$\boxed{} \times (-2)$$

のように −2 を掛けるのを、

$$\boxed{} \times (-1) \times 2$$

として計算していることになるね。反転してから 2 倍する」

ユーリ「おおおおっ！」

僕「何だ何だ、何が起きた？」

ユーリ「ユーリ、めちゃめちゃ納得した！　あのね、あのね」

僕「うんうん」

ユーリ「マイナス×マイナスを『マイナス同士を掛ける』って考えるから混乱してたの。マイナス同士だからもっとマイナスじゃないか、みたいに」

僕「ほほう、それで？」

ユーリ「マイナスを掛けると《向き》が反転するって考えればいい！　マイナス×マイナスは、マイナスにマイナスを掛けてるんだから、マイナスの《向き》を反転してる。マイナスの《向き》を反転するんだから、マイナス×マイナスはプラスになる。納得！」

僕「そうだね。そう考えると、わかりやすいと思うよ」

ユーリ「そっか！　さっきお兄ちゃんが、マイナスを《減る》というイメージと見るのはおかしいって言ってたよね。その意味がわかったかも。マイナスは数のプラスとマイナスを反転させるんだ！」

僕「マイナスを《減る》と考えるのがおかしいわけじゃないよ。実際、マイナスの数を足したら減るからね。でもそれは足し算の話。足し算の話を掛け算の話に当てはめると混乱するということ」

ユーリ「りょーかい。マイナスを掛けると《向き》が反転するのは、すごく納得！」

僕「いま僕たちが考えた、マイナスを掛けると正負が反転するという考え方だと、正負の数の掛け算は、こんなふうに整理できる」

正負の数の掛け算（正の数を掛けるか、負の数を掛けるか）

- **正の数を掛けても、正負は変わらない**

$(+3) \times (+2) = +6$　　+3 に正の数を掛けても、
プラスのままで変わらない

$(-3) \times (+2) = -6$　　−3 に正の数を掛けても、
マイナスのままで変わらない

- **負の数を掛けると、正負は反転する**

$(+3) \times (-2) = -6$　　+3 に負の数を掛けると、
正負が反転してマイナスになる

$(-3) \times (-2) = +6$　　−3 に負の数を掛けると、
正負が反転してプラスになる

ユーリ「おー、確かに！　うまくいってる！」

僕「さっきユーリは《符号が同じ数を掛けるとプラス》で《符号が違う数を掛けるとマイナス》と言ってたよね（p. 4）。もちろんそれも正しい。正負の数の掛け算という計算でも、いろんな見方ができるのがおもしろいね」

ユーリ「ちょっとおもしろくなってきたかもー」

1.6　2乗しても変わらない数

僕「じゃあ、別のクイズを出そうか」

クイズ
2乗しても変わらない数は何か。

ユーリ「答えは 1 だよね！　$1^2 = 1$ で変わらないもん」

僕「本当かな？」

ユーリ「1 だけじゃなかった、0 もだ。$0^2 = 0$ で変わらない」

$$0^2 = 0 \times 0 = 0 \qquad \text{0 を 2 乗しても変わらない}$$
$$1^2 = 1 \times 1 = 1 \qquad \text{1 を 2 乗しても変わらない}$$

僕「そうだね。じゃ、0 と 1 以外にあると思う？」

ユーリ「何が？」

僕「2 乗しても変わらない数だよ。2 乗しても値が変わらない数は、0 と 1 の他にはないんだろうか」

ユーリ「0 と 1 以外にはないと思うけど……」

僕「ユーリは、どうしてそう思ったんだろう」

ユーリ「お兄ちゃんは、どーしてそんなこと聞くんだろー」

僕「数学で《理由を確かめる》のは大切だからだよ」

ユーリ「だって、なさそーだもん……あのね、マイナスの数を2乗したら必ずプラスの数になるじゃん？ たとえば、-3を2乗したら9になる」

$$(-3)^2 = 9$$

僕「そうだね」

ユーリ「だから、マイナスの数は《2乗しても変わらない数》にはなれない。だって、2乗したらプラスの数になっちゃうから」

僕「なるほど。その考えは正しいね」

ユーリ「プラスの数だったら——うん、たとえば、3を2乗したら、9になるじゃん？

$$3^2 = 9$$

3を2乗したら自分より大きくなっちゃう。2を2乗しても、100を2乗しても、自分より大きくなる。だから《2乗しても変わらない数》にはなれない」

僕「ちょっと待って、プラスの数は2乗したら必ず自分よりも大きくなるの？」

ユーリ「……あっと、小さくなることもあるか」

僕「あるよね。ほら、そういうのも《掛け算すると大きくなる》という決めつけだよ」

ユーリ「そかそか。0.1は2乗すると0.01だもんね。

$$0.1^2 = 0.01$$

　　0.1 は 2 乗すると自分より小さくなる」

僕「うん」

ユーリ「わかった、わかった！　全部わかったよ！　マイナスの数
　　は 2 乗するとプラスの数になるから、自分よりも大きくなる。
　　0 と 1 の間にある数は 2 乗すると、自分よりも小さくなる。
　　1 より大きい数は 2 乗すると、自分よりも大きくなる……だ
　　から、0 と 1 以外に、2 乗しても変わらない数はないってこ
　　とじゃん！」

僕「ユーリは数の大きさに注目して《場合分け》したんだね」

ユーリ「ばあいわけ」

僕「実数を x で表すと、x は次のどれかになる」

$$x < 0 \qquad x \text{ が 0 より小さい場合}$$
$$x = 0 \qquad x \text{ が 0 に等しい場合}$$
$$0 < x < 1 \qquad x \text{ が 0 より大きく 1 より小さい場合}$$
$$x = 1 \qquad x \text{ が 1 に等しい場合}$$
$$x > 1 \qquad x \text{ が 1 より大きい場合}$$

ユーリ「急に x が出てきた」

僕「名前を付けると、数式で表しやすくなるから」

ユーリ「出たな数式マニア」

僕「いまの 5 通りの場合分けを数直線上に描いてみよう」

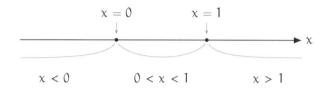

ユーリ「そーなるね」

僕「この5通りの場合分けを一つ一つ考えるよ」

- $x < 0$ の場合
  $x^2 > x$ になる（2乗すると大きくなる）
- $x = 0$ の場合
  $x^2 = x$ になる（2乗しても変わらない）
- $0 < x < 1$ の場合
  $x^2 < x$ になる（2乗すると小さくなる）
- $x = 1$ の場合
  $x^2 = x$ になる（2乗しても変わらない）
- $x > 1$ の場合
  $x^2 > x$ になる（2乗すると大きくなる）

ユーリ「うんうん」

僕「場合分けのようすを数直線で表すと《もれなく、だぶりなく》きっちり考えているのがよくわかるんだよ」

ユーリ「きっちり！」

僕「実数は数直線上の点と対応しているから、数直線を《もれなく、だぶりなく》分けると、実数を《もれなく、だぶりなく》分けていることになるんだね」

> **クイズの答え**
> 2乗しても変わらない数は0と1である。

1.7　数直線2本で考える

ユーリ「ねー、お兄ちゃん。数直線を2本にしちゃだめ？」

僕「だめってことはないけど、2本の数直線で何をするんだろう」

ユーリ「0と1は2乗しても変わらないってことは、数直線2本でこーなるって思ったの」

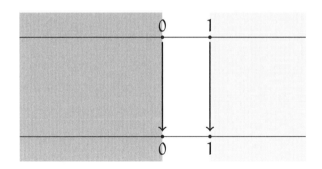

0と1は2乗しても変わらない

僕「なるほど！ 2乗したらどんな数になるかを表すのに、上の数直線から下の数直線に向かって線を引いたのかな？」

ユーリ「そーだよん。0と1は右にも左にも動かない。この点は

　　2乗しても変わらないから。でも1より右にある点は、2乗
　　すると自分よりも右に動くよね？」

僕「うんうん、そうなるね。自分よりも大きくなるから」

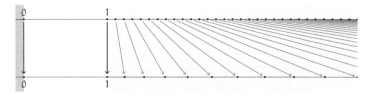

1より右にある点は、2乗すると自分よりも右に動く

ユーリ「それから、0と1の間にある点は、2乗すると左に動く」

僕「うん。でも0を越えることはないから、0に近づく」

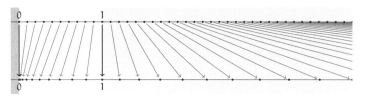

0と1の間にある点は0に近づく

ユーリ「0よりも左にある点は、ええと、−1は2乗すると1で、
　　　　−2は2乗すると4で……線がぐしゃぐしゃになっちゃう！」

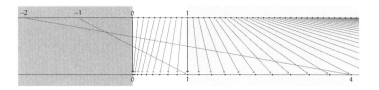

僕「だったら、向きをパタンと反転させてから線を引けば？」

ユーリ「えっ？」

僕「−1 を 2 乗するのは +1 を 2 乗するのと同じだし、−2 を 2 乗するのは +2 を 2 乗するのと同じだよね。

$$(-1)^2 = (+1)^2 = 1$$
$$(-2)^2 = (+2)^2 = 4$$

つまり、マイナスの数を 2 乗するのは、いったんその数の符号を反転してプラスの数に移して、それから 2 乗してもいい。だから、こんなふうに描ける」

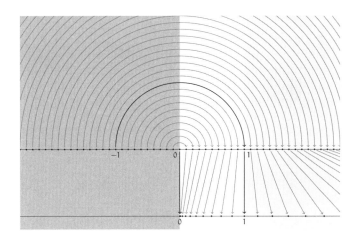

ユーリ「そっかー、何だか綺麗な形ができた！」

1.8　方程式で考える

僕「《2乗しても変わらない数》は数式でも求められる」

ユーリ「来たぞ来たぞ」

僕「《2乗しても変わらない》とは、《2乗した結果が、もとの数に
　　等しい》ということ。だから、求めたい数を x とすると、

$$x^2 = x$$

　　という等式を成り立たせる数が x だといえる。x のように
　　未知の数を含む等式のことを、x に関する**方程式**と呼んだり
　　する」

ユーリ「ほーてーしき」

僕「未知の数を x で表している $x^2 = x$ は、x に関する方程式」

ユーリ「ふーん、そんで？」

僕「これで僕たちが考えていることを《言葉》から《数式》に移し
　　たことになる。あとは $x^2 = x$ という方程式を解けばいい。

$$x^2 = x \qquad \text{解きたい方程式}$$

$$x^2 - x = x - x \qquad \text{両辺から } x \text{ を引いた}$$

$$x^2 - x = 0 \qquad x - x = 0 \text{ だから}$$

$$x(x - 1) = 0 \qquad \text{左辺を } x \text{ でくくった}$$

　　ここまで、大丈夫？」

ユーリ「大丈夫！」

僕「x(x − 1) = 0 をよく見ると、x と x − 1 を掛けた値が 0 に等しいといってる。x と x − 1 を掛けた結果が 0 に等しいんだから、x と x − 1 の少なくとも片方は 0 に等しい。つまり、

$$x = 0 \quad \text{または} \quad x - 1 = 0$$

ということだね。x − 1 = 0 は x = 1 だから、

$$x = 0 \quad \text{または} \quad x = 1$$

といえる。だから、$x^2 = x$ を満たす数は 0 と 1 以外にはない」

ユーリ「ふんふん。難しくないよー」

1.9 グラフで確かめる

僕「いま方程式を解いて $x^2 = x$ を満たす数が 0 と 1 の二つしかないことを確かめたけど、

$$y = x^2 - x$$

のグラフを見ると、確かにそうだとわかるよ。グラフはこんなふうに**放物線**という形になる」

ユーリ「ほーぶつせん」

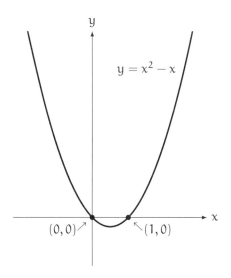

$$y = x^2 - x \text{ のグラフ（放物線）}$$

僕「このグラフが x 軸と交わる点——**交点**——を見よう。交点
は $(x, y) = (0, 0)$ と $(x, y) = (1, 0)$ の二つで、x 座標の値は
$x = 0$ と $x = 1$ の 2 個しかないよね」

ユーリ「待ってよ。$y = x^2 - x$ って式はどっから来たの？」

僕「$x^2 = x$ という式からだよ。僕たちが考えているのは、2 乗
しても変わらない数だよね。その数に x と名前を付けると x
は、

$$x^2 = x$$

という式を満たす。つまり x は、

$$x^2 - x = 0$$

という式を満たす数だ。僕たちは $x^2 - x = 0$ を満たす数を探しているわけだ」

ユーリ「それさっきやったじゃん」

僕「うん、そこでね、

$$y = x^2 - x$$

という式で表されるグラフを考える。それがいま描いた放物線だ。この放物線上にある点 (x, y) は、必ず $y = x^2 - x$ という式を満たしている」

ユーリ「そだね」

僕「放物線とは別に、今度は x 軸に注目する。x 軸上にある点 (x, y) は、必ず $y = 0$ という式を満たしている」

ユーリ「あ、わかってきた……」

僕「そこで、この放物線と x 軸の交点を考える。交点は放物線と x 軸、両方の上にあるから、交点を (x, y) で表すと、ここに書いた両方の式を満たすといえる」

$$\begin{cases} y = x^2 - x & \text{放物線} \\ y = 0 & x\text{ 軸} \end{cases}$$

ユーリ「連立方程式？」

僕「そうだね、連立方程式だ。もっとも、y の値はもう 0 だとわかっている。だから、交点の x 座標は $y = x^2 - x$ で $y = 0$ とした式 $0 = x^2 - x$ を満たす。つまり、交点と $x^2 - x = 0$ の解は対応する」

ユーリ「交点も解も 2 個になる？」

僕「そうだね。交点の個数は、$x^2 = x$ という方程式の解の個数と
　　同じになる」

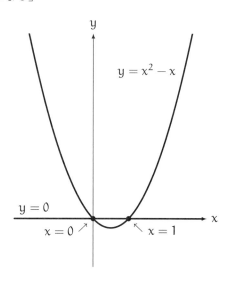

放物線 $y = x^2 - x$ **と** x **軸との交点は、**
方程式 $x^2 - x = 0$ **の解に対応する**

ユーリ「なるほどねー」

僕「ああ、そうだ。さっきユーリは、2 乗して大きくなるのはどん
　　なときか考えたよね。そこに出てきた場合分け（p. 21）も、
　　このグラフにはっきりと見えている」

ユーリ「場合分けが見えているって――どこに？」

僕「放物線上にある点が x 軸よりも上に来るのは $x < 0$ のときと
　　$x > 1$ のときだよね」

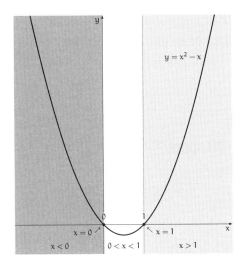

ユーリ「あー……」

僕「放物線 $y = x^2 - x$ 上にある点が x 軸よりも上に来るのは $x^2 - x > 0$ のときだから、

$$x^2 > x$$

のときといえる」

ユーリ「そっか！ 2乗したときに大きくなるのは、放物線上にある点が x 軸よりも上に来るとき！」

僕「そういうことだね。そして、放物線上にある点が x 軸より下に来るのは $0 < x < 1$ のとき」

ユーリ「ほんとだ……ちゃんと下に来てる。交点って、境目になってるんだね」

僕「そうだね。こんなふうに描くと目で確かめられる。同じこと
　　でも、**言葉**や**数式**や**グラフ**を使っていろんな表し方ができる。
　　そのたびに新しい発見がある」

ユーリ「……！」

1.10　交点は何個？

僕「ねえユーリ。2 乗すると 4 になる数は 2 と −2 だよね」

ユーリ「うん」

僕「それも、グラフで見ることができるよ」

ユーリ「どゆこと？」

僕「《2 乗すると 4 になる数を求める》ことは《方程式 $x^2 = 4$ の
　　解を求める》ことだから、《放物線 $y = x^2 - 4$ が x 軸と交わ
　　る点を求める》ことと同じになる」

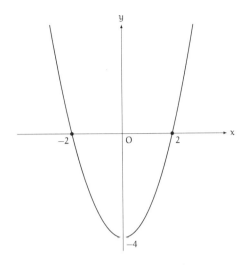

放物線 $y = x^2 - 4$ と x 軸の交点
方程式 $x^2 - 4 = 0$ の解

ユーリ「あー……さっきと同じ考え方！」

僕「おもしろい話はここから。放物線をすうっと持ち上げよう」

ユーリ「上に動かすってこと？」

僕「そうだよ。$y = x^2 - 4$ という式の 4 をたとえば 1 に変える。
　　そうすると放物線はすうっと上がる。交点の x 座標は $x = 1$
　　と $x = -1$ になるよね」

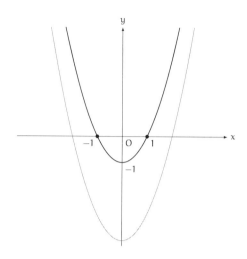

放物線 $y = x^2 - 1$ **と** x **軸の交点**
方程式 $x^2 - 1 = 0$ **の解**

ユーリ「放物線を上げれば交点が近づく？」

僕「そういうこと。そしてちょうど $y = x^2$ になったとき、二つの交点が一つに重なる」

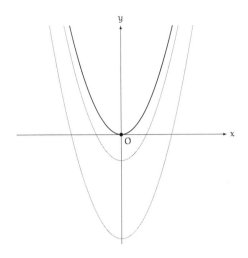

放物線 $y = x^2$ と x 軸の接点
方程式 $x^2 = 0$ の解

ユーリ「2 乗して 0 になる数は 0 だけだから！」

僕「そうだね。$y = x^2$ は x 軸に接していて、共有する点は一点。接する場合は、交点とはいわずに**接点**というけどね」

ユーリ「せってん……」

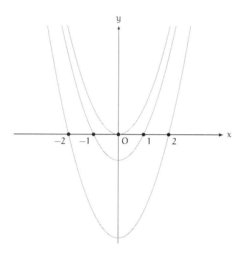

放物線を持ち上げたようす

僕「放物線をさらに上げてみよう。たとえば、$y = x^2 + 1$ という
　放物線は、もう x 軸と点を共有しない。交点も接点もない」

ユーリ「おお……」

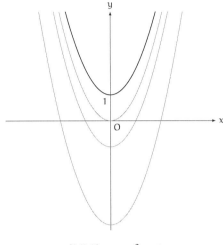

放物線 $y = x^2 + 1$

僕「このことは、方程式 $x^2 + 1 = 0$ が**実数解を持たない**ことに対応している。**実数解は存在しない**といったり、**実数解なし**ということもある」

ユーリ「むむ……**ダウト！**」

僕「え？　何がダウト？」

ユーリ「2乗して -1 になる数、ユーリ知ってるもん。$\overset{\text{アイ}}{i}$ でしょ？ i は 2 乗すると -1 になる数だよね。だったら、

$$i^2 + 1 = (-1) + 1 = 0$$

になるから、i は $x^2 + 1 = 0$ の解じゃん！」

僕「ああ、そうだね。i という名前を持った数は、$i^2 = -1$ を満たす数の一つとして定義されている。だから、$x = i$ は

$x^2 + 1 = 0$ の解の一つといえるよ。i の他に $x = -i$ も解になる。x に関する 2 次方程式、

$$x^2 + 1 = 0$$

の解は、$x = i$ または $x = -i$ になる」

ユーリ「さっき、$x^2 + 1 = 0$ は解を持たないって言ったじゃん！」

僕「『解を持たない』じゃなくて『実数解を持たない』って言ったんだよ。方程式 $x^2 + 1 = 0$ を満たす実数は一つも存在しない。それは正しい」

ユーリ「実数……」

僕「確かにユーリがいうように、i という数は方程式 $x^2 + 1 = 0$ を満たす。でも、i は実数じゃないんだよ」

ユーリ「実数じゃない……」

僕「i は実数じゃなくて、**虚数**の一つだね」

ユーリ「きょすう」

僕「一般的に書いて整理しよう。A を実数として、

$$y = x^2 - A$$

という放物線を考える。A は実数だから、0 より大きいか、0 と等しいか、0 より小さい」

- **A > 0 の場合**

　放物線は x 軸と交わって、交点は 2 個。
　このとき、方程式 $x^2 - A = 0$ の実数解も 2 個。

- **A = 0 の場合**

    放物線は x 軸と接して、接点は 1 個。

    このとき、方程式 $x^2 = 0$ の実数解も 1 個。

- **A < 0 の場合**

    放物線と x 軸との交点も接点も 0 個。

    このとき、方程式 $x^2 - A = 0$ の実数解も 0 個。

    つまり、一つも存在しない。

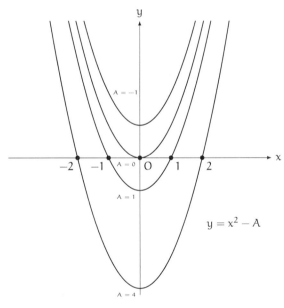

放物線 $y = x^2 - A$

ユーリ「……解があるのに交点や接点がなくなるの、やっぱり
ナットクいかなーい！」

僕「もしも、放物線 $y = x^2 + 1$ と x 軸との交点や接点があった

　　　ら、そのときの x は実数になるけど、実数だったら x^2 は 0 以
　　　上のはず。でも $x^2 + 1 = 0$ なんだから $x^2 = -1$ で 0 より小
　　　さい。だから、交点や接点はなくて正しいんだよ」

ユーリ「うー……」

僕「だから、実数解がないとき、放物線と x 軸との交点も接点も
　　　ないんだ」

ユーリ「あーっ、もー！ x 軸上に交点も接点もないのはわかる
　　　の。わかってんの！ でも、i は解だもん。消えるの、変じゃ
　　　ん！ 解はあるもん！ 解があるのに消えちゃうなんて、ナッ
　　　トクできないもん！」

　　ユーリは興奮して半泣きになりつつ主張する。

僕「わかったよ、ユーリ。$x^2 + 1 = 0$ という方程式の解がどこに
　　　現れるか、描いてみよう」

ユーリ「ほんと?!」

僕「本当だよ」

　　　　　　　　　　"どんな数を掛け合わせたら、こんな不思議が起きるのだろう。"

第1章の問題

われわれが問題をとくためには
まずそれをよく理解しなければならない。
わからない問いには答えようがない。
——ポリア『いかにして問題をとくか』（柿内賢信訳）

●**問題 1-1**（実数の性質）

①〜⑧のうち、正しいものをすべて挙げてください。

① どんな実数 a に対しても、
$a > 0$ または $a < 0$ が成り立つ。

② どんな実数 a に対しても、$a^2 > 0$ が成り立つ。

③ $x^2 = x$ を満たす実数 x は 0 だけである。

④ 実数 a と b がどちらも 0 より大きいとき、
$a + b > 0$ が成り立つ。

⑤ 実数 a と b がどちらも 0 より小さいとき、
$a + b < 0$ が成り立つ。

⑥ 実数 a が 0 より大きく、実数 b が 0 より小さいとき、
$a - b > 0$ が成り立つ。

⑦ 実数 a と b の積 ab が 0 より小さいとき、
a と b の符号は異なる。

⑧ 実数 a と b の積 ab が 0 に等しいとき、
a と b の少なくとも片方は 0 に等しい。

（解答は p.272）

●**問題 1-2**（数直線と実数）

次の 7 個の実数を、数直線上の点として描きましょう。

$$0, \quad 4.5, \quad -4.5, \quad \sqrt{2}, \quad -\sqrt{2}, \quad \pi, \quad -\pi$$

−5	−4	−3	−2	−1	0	1	2	3	4	5

正確に描けない場合は、おおよその位置でかまいません。
なお、

$$\sqrt{2} = 1.41421356\cdots \qquad \text{2 乗すると 2 に等しい正の数}$$
$$\overset{\text{パイ}}{\pi} = 3.14159265\cdots \qquad \text{円周率}$$

とします。

（解答は p.274）

●**問題 1-3**（実数の乗算）

実数 a, b の正負に応じて、積 ab の正負がどうなるかを表にまとめましょう。空欄に、

$$ab < 0, \quad ab = 0, \quad ab > 0$$

のいずれかを記入してください。

積 ab	$b < 0$	$b = 0$	$b > 0$
$a > 0$			
$a = 0$			
$a < 0$			

（解答は p. 275）

●問題 1-4（数直線と実数）

数直線上の点として表されている 6 個の実数 A, B, C, D, E, F があります。このうち、㋐〜㋑の条件を満たすものをそれぞれすべて挙げてください。

　㋐ 2 乗すると値が大きくなる実数

　㋑ 2 乗すると値が 4 より大きくなる実数

　㋒ 2 乗すると値が 1 より小さくなる実数

　㋓ 2 を掛けると値が大きくなる実数

　㋔ −1 を掛けても値が変わらない実数

　㋕ 2 乗すると値が 0 より大きくなる実数

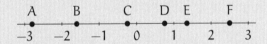

（解答は p. 276）

第2章

平面上を動き回って

"世界を広げるには、どうすればいいか。"

2.1　数直線と複素平面

いま、ユーリと僕の前には、$x^2 + 1 = 0$ という方程式がある。つまり、

$$x^2 = -1$$

のことだ。ユーリは、解がどこにあるのかを見たいと言う。

ユーリ「早く見せて！　見せて！」

僕「ちょっと待って。大事な話だから一歩一歩確実に行こう。$x^2 = -1$ という方程式に実数解は存在しない。言い換えると、x にどんな実数を入れても $x^2 = -1$ という等式が成り立つことはない……これは大丈夫？」

ユーリ「それはわかってる。だって、二乗して -1 になる実数なんてないもん」

僕「その通り。だから、$x^2 = -1$ の解は、数直線上に存在しない。これも大丈夫？」

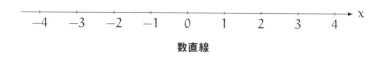

数直線

ユーリ「数直線上にあったら実数になるから？」

僕「そういうこと。だからユーリが見たい解は、数直線以外のものを用意しなくちゃ見えないことになる。そこで**複素平面**というものをこれから考えていくことにしよう」

ユーリ「ふくそへいめん」

僕「こういう平面のこと」

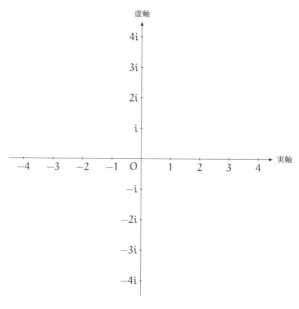

複素平面

僕「複素平面には二本の軸がある。横に伸びているのは**実軸**で、縦に伸びているのは**虚軸**という。二つの軸が交差している点を**原点**という」

ユーリ「じつじく、きょじく、げんてん」

僕「実軸上にある点は実数に対応している。だから、実軸は数直線と同じ。原点は実数の 0 に対応していて、O と名前を付けることが多い」

ユーリ「あいよ」

僕「**虚数単位**という特別な数を一つ決めて、

$$i$$

という文字で表すことにする。この i という特別な数は、

$$i^2 = -1$$

という等式を満たすものの一つとして定義する」

ユーリ「ちょっと待って。定義する……ってことは決めちゃうってこと？」

僕「そうだね。i がどんな数かは知らないけど、とにかく $i^2 = -1$ を満たす数だ！と決める。定義してしまう」

ユーリ「そんなことしてもいーんだ！」

僕「**矛盾**が起きなければ、定義してもいい」

ユーリ「矛盾って？」

僕「矛盾というのは『○○である』と『○○ではない』の両方が成り立つこと。たとえば i という数を実数としちゃ矛盾が起きるよね」

ユーリ「二乗して -1 になる実数はないから？」

僕「そう。二乗して -1 になるのだから、虚数単位 i は実数じゃない。それなのに i を実数として定義したら矛盾が起きる。『i は実数である』と『i は実数ではない』の両方が成り立ってしまうから。だから、i は実軸上の点としては描けない。それで、虚軸上の点として描いたんだ」

ユーリ「にゃるほど」

僕「虚軸上の点は、実軸上の点と同じように数に対応していると考える。さっきの図では、

$$\ldots, \quad -4i, \quad -3i, \quad -2i, \quad -i, \quad O, \quad i, \quad 2i, \quad 3i, \quad 4i, \quad \ldots$$

という目盛りがあったね。虚軸上の点のうち、原点 $\overset{\text{オー}}{O}$ だけは実数の $\overset{\text{ゼロ}}{0}$ に対応している。でも、それ以外は実数じゃない」

ユーリ「$-i$ とか 2i が出てきた」

僕「うん、そうだね」

- 1 を単位にして 1 の実数倍になる数を、実軸上の点に対応させる。
- i を単位にして i の実数倍になる数を、虚軸上の点に対応させる。

ユーリ「ふーん……」

僕「僕たちは、数直線上にある点に対応付けて実数という数を考えたよね。それと同じように、複素平面上にある点に対応付けて**複素数**（ふくそすう）という数を考える。実軸上の a と虚軸上の bi を使って、複素平面上の一点を、

$$a + bi \qquad \text{エー・プラス・ビーアイ}$$

と表すことにする。二つの実数 a と b を一つの組にして、一つの複素数 $a + bi$ を表している」

ユーリ「複素数 $a + bi$」

僕「数直線上にある一点が一つの実数を表しているように、複素平面上にある一点が一つの複素数を表しているものとする」

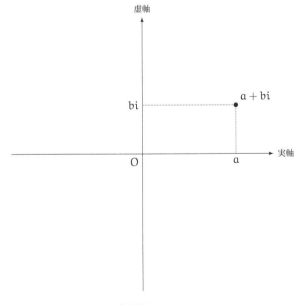

複素数 $a + bi$

ユーリ「$a + bi$ って、あんまり数に見えない」

僕「僕たちは座標平面上の一点を (a, b) のように表すことがある。二つの実数 a と b とを組にして、一つの点 (a, b) を表す。それとまったく同じ考え方だよ。実軸上の a と虚軸上の bi の組を使って、一つの複素数 $a + bi$ を表す。$a + bi$ は、a と b という二つの実数を使って、一つの複素数を表しているといえるね」

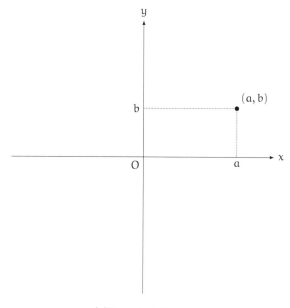

座標平面上の点 (a, b)

ユーリ「二つの数で一つの数を表す……何だか不思議」

僕「二つの数で一つの数を表すことは不思議じゃないよ。たとえ

ば、分数表記。1 と 2 という二つの整数を使って $\frac{1}{2}$ と表記すると 0.5 に等しい有理数を表す。二つの数が一つの数を表しているだろう？」

ユーリ「ほほー……なるほどにゃ」

僕「複素数を一つの文字で表すときもあるよ。たとえば、

$$z = a + bi$$

のように書けば、複素数 z と複素数 $a + bi$ とが等しいことを表せる」

ユーリ「あっ、一文字で書いてもいーの？」

僕「いいよ。『z は複素数』といえばいい。数学で文字が出てきたときには《この文字は何を表しているか》を確かめる必要がある。$a + bi$ と書いて『a と b は実数で、i は虚数単位』のように説明を付ける。あるいは z と書いて『z は複素数』のように説明を付ける」

ユーリ「いちいちめんどくさいもんだね」

僕「でも説明がなかったら、その文字が何を表すかわからないからね。実数と複素数の違いをわかりやすくするために、複素数を表すときにはギリシア文字を使うこともよくある。ギリシア文字というのは $\overset{\text{アルファ}}{\alpha}$ や $\overset{\text{ベータ}}{\beta}$ などだね」

ユーリ「ふーん」

僕「複素平面の点を使って、複素数の例をいくつか見よう」

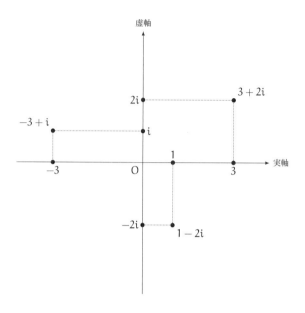

ユーリ「複素数の例……あれ？ 1って実数だよね。1も複素数
　　　なの？」

僕「そうだよ。この複素平面上にある点はすべて複素数に対応し
　　ている。実数はすべて複素数だし、iのような虚数も複素数」

ユーリ「ねえ、お兄ちゃん！ ごちゃごちゃ言葉が出てきてわかん
　　　なくなった！」

僕「ああ、そうだよね。ちゃんと整理しようか」

ユーリ「お願いしますぜ」

2.2　実数、虚数、複素数

僕「いま考えたい数は三種類ある。実数と、虚数と、複素数。その三種類の数がそれぞれ複素平面上のどこに対応するかを見てみよう。図を見ながら説明した方がわかりやすいからね」

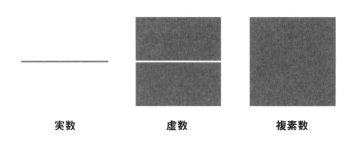

実数　　　　　　虚数　　　　　複素数

ユーリ「これで？」

僕「うん。僕たちがよく知っている数直線は複素平面の中で実軸と同じ。だから、実軸上にある点はすべて実数に対応する」

ユーリ「うん、それはわかった」

僕「それから、複素平面上で実軸以外のところにある点に対応する数を虚数という。だから実数は虚数じゃないし、虚数は実数じゃない」

ユーリ「りょーかい」

僕「そして、実数と虚数を合わせて複素数と呼ぶ。つまり、この複素平面上にある点に対応した数が複素数だ」

ユーリ「だから『実数はすべて複素数』って言ったんだ」

僕「その通り。0 や 1 や −3.5 や π はすべて実数だけど、複素数
　　でもある。ちょうど、『直角三角形は三角形である』といえ
　　るのと同じように、『実数は複素数である』といってかまわ
　　ない」

$$複素数 \begin{cases} 実数 \\ 虚数 \end{cases}$$

ユーリ「直角三角形は、直角がある三角形だよ」

僕「だよね。直角三角形は『直角がある』という条件がついた三
　　角形だ。それと同じように、実数は『複素平面上で実軸上に
　　ある』という条件がついた複素数だといえる」

ユーリ「あっ、あっ。わかったかも。じゃあ、虚数は『複素平面
　　上で実軸上にない』という条件がついた複素数？」

僕「そういうこと」

ユーリ「だったら、i は実数じゃないけど、虚数でもあるし、複
　　素数でもある？」

僕「大正解！　いまユーリは自分が知ったことを具体例で確かめた
　　んだね。《例示は理解の試金石》を実践したんだ。偉いなあ！」

ユーリ「へへ。いーから、話を進めたまえ」

僕「複素数は a + bi という形で表せる数だけど、この形からも
　　『実数は複素数である』ことがよくわかるよ」

ユーリ「どーゆー意味？」

僕「b = 0 とすればいい。実数 a は、複素数として a + 0i と表
　　せる」

ユーリ「$a + bi$ という形で表せるってそーゆー意味か！」

僕「同じように、虚数単位 i は複素数として $0 + 1i$ と表せる。実数と虚数を整理しよう」

- 複素数 $a + bi$ のうち、$b = 0$ である数を実数という。
- 複素数 $a + bi$ のうち、$b \neq 0$ である数を虚数という。

ユーリ「にゃるほど」

僕「複素数 $a + bi$ は、実数 a をこんなふうに拡張して作った数とも考えられるね」

$$\underbrace{\underbrace{a}_{\text{実数}} + bi}_{\text{複素数}}$$

ユーリ「うん、わかった」

2.3 数のダンス

僕「複素平面を使うと、$x^2 = -1$ の解を図示することができる」

ユーリ「i と $-i$」

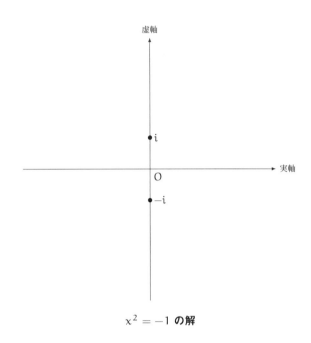

$$x^2 = -1 \text{ の解}$$

僕「方程式の解は複素平面を使って考えるといいんだよ」

- $x^2 = -1$ を満たす**実数**は、存在しない。
  そして、確かに i と $-i$ は実軸上にはない。
- $x^2 = -1$ を満たす**複素数**は、存在する。
  そして、確かに i と $-i$ は複素平面上にはある。

ユーリ「うんうん」

僕「方程式の解を考えるときに、実数解だけを考えているというのは、実軸だけを見ているということなんだね。$x^2 = -1$ という方程式を考えたときに、解が見えないというのは、解が実軸上にないだけ。複素平面の全体を見ると、二つの解が点

として見える」

ユーリ「i と −i の点」

僕「そういうこと。ここから、もう少し一般的に考えてみよう。 $x^2 = -1$ じゃなくて、

$$x^2 = A$$

という方程式を考える。A という文字は実数を表しているとする。A が 4, 1, 0 と変化すると、解はそれぞれ ±2, ±1, 0 と変化する。そして A = −1 のとき、解は ±i になる」

ユーリ「お?」

僕「そんなふうに A の値を変化させて、方程式の解を複素平面上に描く。そうすると……」

ユーリ「そうすると?」

僕「二つの解は《ダンス》を踊り始めるんだよ!」

ユーリ「ダンス!?」

僕「$x^2 = A$ で A を動かして、二つの解がどう動くかを見てみよう」

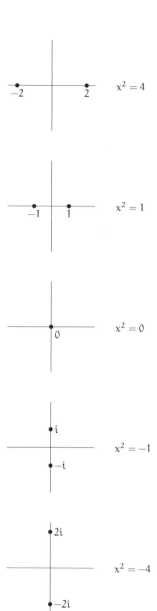

ユーリ「おもしろーい！ 点が近づいて、くっついて、離れてく！」

僕「そうだね。$A < 0$ のとき、実数解はなくなる。だから数直線
　だけを見ていると点は消えてしまう。でも複素平面に広げて
　みれば点は消えていないことがわかる！」

ユーリ「やっぱり解はあるんだね！ 複素平面上に、ちゃーんと
　あった！」

2.4 言葉と図形と計算と

僕「数直線を複素平面に拡張するのは楽しいよ」

ユーリ「あのね、複素平面の実軸って、実数が乗ってる数直線
　じゃん？」

僕「そうだね」

ユーリ「だったら数直線のことを実数直線っていえばいいのにね」

僕「実数を表す直線を実数直線と呼びたくなるのは一理あるね。
　同じように複素数を表す平面のことを、複素平面じゃなくて
　複素数平面ということもあるね」

ユーリ「いろんな名前があるんだ」

僕「そうだね。複素平面はガウス平面ということもある。呼び名
　が違うだけで、まったく同じものだよ」

ユーリ「複素数を表す平面を複素平面というんだから、実数を表
　す直線は実直線とか」

僕「なるほど。実数を表す直線を数直線というんだから、複素数
　を表す平面を数平面とか」

ユーリ「実数という数は直線で、複素数という数は平面だから！」

僕「うん、そう考えるのはわかりやすいね。でも数はそんなふう
　に図形的にとらえるだけじゃないよ」

ユーリ「なんで？」

僕「ほら、実数を数直線上の点として考えたときも足したり引い
　たり掛けたり——計算——のことを考えたよね。それと同じ
　ように、複素数についても計算のことを考えられる」

ユーリ「複素数で計算する？」

2.5 複素数の相等

僕「まずは最も基本的なところから。二つの複素数が等しいとは
　どういうことかを定義しよう。つまり、**複素数の相等**を定義
　するんだね」

ユーリ「《等しい》を定義するなんてことができるんだ!?」

複素数の相等

二つの複素数が等しいのは、
実部と虚部がそれぞれ等しいときと定義する。

$$a + bi = c + di \quad \Longleftrightarrow \quad a = c \quad \text{かつ} \quad b = d$$

ユーリ「実部?」

僕「ああ、ごめんごめん。複素数 $a + bi$ の a を**実部**といって、b を**虚部**というんだ」

ユーリ「そーゆーことかなーとは思ったよ」

僕「まちがいやすいけど $a + bi$ の虚部は bi じゃなく b だからね」

ユーリ「はいはい。$a + bi$ の a が実部で、b が虚部。りょーかい」

僕「二つの複素数が等しいというのはどういうときかというと、実部同士が等しくて、虚部同士も等しいとき。言い換えると、複素数 $a + bi$ と複素数 $c + di$ が等しいときというのは、$a = c$ と $b = d$ の両方が成り立つときだ。そのように複素数の相等を定義しようというんだね」

ユーリ「ほほー。それって、複素平面上で点が重なるときってことだよね?」

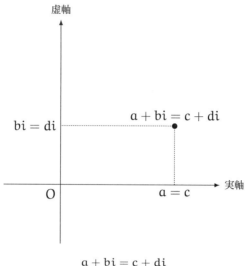

$$a + bi = c + di$$

僕「そうだね！　さっそく複素平面で確認したんだ。偉いなあ」

ユーリ「ふふん」

僕「この《複素数の相等》は整合性を保ったまま《実数の相等》
　　を拡張している」

ユーリ「せーごーせー……？」

僕「整合性を保つというのは、矛盾が起きたりせず、つじつまが
　　ちゃんと合うという意味。複素数の相等をいいかげんに定義
　　して、実数の相等がおかしくなっちゃ困る」

ユーリ「そりゃそーだ」

僕「実数は複素数だ。なぜなら──

- 実数 a は複素数 $a + 0i$ と見なせるし、
- 実数 c は複素数 $c + 0i$ と見なせるから。

わかるよね。そして《実数 a と c が等しい》ときは、確かに《複素数 $a + 0i$ と $c + 0i$ が等しい》ときでもある。だから、《複素数の相等》を定義したことで《実数の相等》がおかしくなることはない」

ユーリ「だって、実軸上の点が重なるときだもん」

僕「そうだね」

2.6 複素数の大小関係

ユーリ「相等の次は何を定義すんの？」

僕「そうだなあ……複素平面で虚軸を作るとき、実軸よりも上の方に i を書いたよね。あれを見るとつい $i > 0$ だと勘違いしそうになる」

ユーリ「違うの？」

僕「違うんだ。複素数では一般に大小関係を定義しないことになっているね。実数同士に限っては大小関係があるけれど、複素数全体で大小関係は定義されていない」

ユーリ「は？ 数の大きさが比べられないってどゆこと？」

僕「《実数と実数》に限っては大小関係を比べることができる。でも《虚数と虚数》や《実数と虚数》は大小関係を定義しない。複素数の中には互いに大きさを比べられるものと比べられな

いものがあることになる」

ユーリ「待ってよ。だって $i \neq 0$ だよね？」

僕「そうだね。$i \neq 0$ というのは $i = 0$ じゃないということ。これは大小関係じゃなくて相等だから」

ユーリ「待って待って。ぜんぜんわかんない。だって i はもともと $i^2 = -1$ だぞ！って定義した数じゃん。同じように $i > 0$ だぞ！って定義しちゃえばいいんじゃないの？」

僕「ところが、複素数に大小関係を入れると実数の大小関係と整合性がとれなくなる」

ユーリ「また整合性」

僕「じゃあ、考えてみようか。どんな実数 a に対しても、

$$a > 0 \qquad a = 0 \qquad a < 0$$

のどれか一つだけが成り立つよね」

ユーリ「うん。正かゼロか負」

僕「それから、二つの実数 $a > 0$ と $b > 0$ に対して、いつも、

$$a + b > 0 \qquad ab > 0$$

の両方が成り立つ」

ユーリ「正の数同士は、足しても掛けても正の数」

僕「そうそう。さてここで、どんな複素数 α に対しても、

$$\alpha > 0 \qquad \alpha = 0 \qquad \alpha < 0$$

のどれか一つだけが成り立つとする。仮に、だよ」

ユーリ「実数と同じように？」

僕「そういうこと。それから、二つの複素数 $\alpha > 0$ と $\beta > 0$ に対して、いつも、

$$\alpha + \beta > 0 \qquad \alpha\beta > 0$$

の両方が成り立つとしよう。こちらも仮に、だよ」

ユーリ「実数と同じように、だね？ それでそれで？」

僕「そうすると、虚数単位 i は複素数なんだから、

$$i > 0 \qquad i = 0 \qquad i < 0$$

のどれか一つが成り立たなくちゃいけない。でも $i \neq 0$ なんだから、

$$i > 0 \qquad i < 0$$

のどちらか片方が成り立つということになる」

ユーリ「正か負かどっちか」

僕「ここで仮に $i > 0$ だとしよう。i が正だと仮定したんだ」

ユーリ「……うん」

僕「そうすると、i という正の数を 2 個掛けた ii も正になる。つまり、

$$ii > 0$$

だね。左辺は $ii = i^2 = -1$ だから、

$$-1 > 0$$

　　　　　になっちゃうね」

ユーリ「あっ、-1 が正の数になっちゃう……」

僕「これでは矛盾が起きてしまう」

ユーリ「じゃあ、$i < 0$ と仮定したらどうなるの？ 仮に、だよん」

僕「$i < 0$ という不等式の両辺に $-i$ を加えると、

$$i + (-i) < 0 + (-i)$$

　　　となって、

$$0 < -i$$

　　　がいえる。つまり $-i$ は正の数だ。そうすると、$-i$ という正
　　　の数を 2 個掛けた $(-i)(-i)$ も正になる。つまり、

$$(-i)(-i) > 0$$

　　　だよ。左辺は $(-i)(-i) = (-i)^2 = -1$ だから、

$$-1 > 0$$

　　　になっちゃう。さっきと同じで、-1 が正の数になる」

ユーリ「そっかー……あっ、だったらね、$i < 0$ でもないし $i > 0$
　　　でもないと定義すればいい！ そしたらおかしくならない」

僕「だよね。それが《大きさを比較できない》という意味なんだ」

ユーリ「うっ、そっかー……」

　　ユーリは難しい顔で腕組みをした。

2.7　複素数の絶対値

ユーリ「複素数では『こっちが大きい』とか言えない。それでも数なんだ……あれ、でも実数同士は大小比較できるよね？」

僕「うん、大小関係は実数同士のみで定義されている。でも複素数全体では定義されていない。でも、**複素数の絶対値**は定義されているから、絶対値の大小比較はできるよ」

ユーリ「ぜったいち」

僕「複素数 $a + bi$ の絶対値は $\sqrt{a^2 + b^2}$ で定義されている」

複素数の絶対値

a と b を実数とする。複素数 $a + bi$ に対して $\sqrt{a^2 + b^2}$ を $a + bi$ の**絶対値**といい、$|a + bi|$ と書く。

$$|a + bi| = \sqrt{a^2 + b^2}$$

ユーリ「何でまたそんなややこしー定義を。二乗したりルート取ったり？」

僕「いやいや、ぜんぜんややこしくないよ。複素平面で考えれば $\sqrt{a^2 + b^2}$ が何を表しているかすぐにわかる」

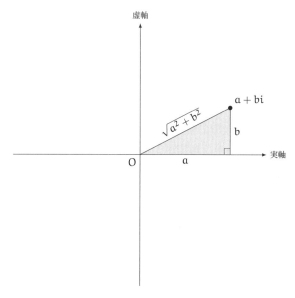

複素数 $a + bi$ の絶対値 $|a + bi|$

ユーリ「おおっ？」

僕「ユーリは**三平方の定理**を知ってるよね。ピタゴラスの定理と
　　もいう。直角三角形で直角をはさむ二辺の長さを a と b と
　　して、斜辺の長さを c とすると、

$$c^2 = a^2 + b^2$$

　　になるという定理。斜辺の長さは 0 より大きいから、

$$c = \sqrt{a^2 + b^2}$$

　　になる」

ユーリ「$\sqrt{a^2 + b^2}$ って原点からの長さ？」

僕「その通り！　複素数 $a + bi$ の絶対値 $\sqrt{a^2 + b^2}$ の値は、複素平面上で、原点からその複素数 $a + bi$ までの距離に等しい。《実数の絶対値》と《複素数の絶対値》を比較してみよう」

- 実数 a の絶対値 $|a|$ は、
  数直線で原点から a までの距離に等しい。
- 複素数 $a + bi$ の絶対値 $|a + bi|$ は、
  複素平面で原点から $a + bi$ までの距離に等しい。

ユーリ「どっちも、原点からの距離！」

僕「そうだね。《複素数の絶対値》は《実数の絶対値》を拡張したものになっている。しかも整合性も保たれているよ。実数 a は複素数 $a + bi$ で $b = 0$ にしたものだと見なせる。このときの $|a + bi|$ を計算してみよう」

$$
\begin{aligned}
|a + bi| &= \sqrt{a^2 + b^2} & \text{《複素数の絶対値》の定義から} \\
&= \sqrt{a^2 + 0^2} & b = 0 \text{ にした} \\
&= \sqrt{a^2} & 0^2 = 0 \text{ だから} \\
&= |a| & \text{《実数の絶対値》の定義}
\end{aligned}
$$

ユーリ「$b = 0$ のとき $|a + bi| = |a|$ ということかー」

2.8 円を描く

僕「複素数の絶対値が定義できたから、複素平面上に円を描くことができる。こんなふうに描く」

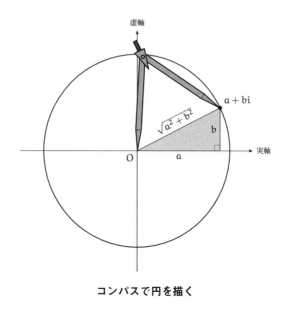

コンパスで円を描く

ユーリ「ほほー！」

僕「コンパスの針を原点に置いて、複素数 $a + bi$ のところまで開く。するとコンパスは、

$$|a + bi| = \sqrt{a^2 + b^2}$$

だけ開いたことになる。そこでコンパスをくるっと回すと、原点が中心で半径が $|a + bi|$ の円が描ける」

ユーリ「そっか……むむむ？ ちょっと待って」

僕「何か変なところがある？」

ユーリ「円周上の点はぜんぶ、原点から $|a + bi|$ の距離にあるってこと？」

僕「そうだね。平面上で、一点から等距離にある点全体の集合が
　　円だから」

ユーリ「てことは、絶対値が等しい複素数ってたくさんある！」

僕「たくさんあるね。絶対値が 0 に等しい複素数は 0 しかないけ
　　ど、0 以外の複素数 $a + bi$ と絶対値が等しい複素数は無数に
　　ある。原点中心で半径 $|a + bi|$ の円周上にある」

ユーリ「そのことも拡張だね」

僕「ん？　どういう話だろう」

ユーリ「いろいろ拡張したじゃん？」

- 複素平面は、数直線の拡張と見なせる
  （数直線は、複素平面の一部になっている）。
- 複素数 $a + bi$ は、実数 a の拡張と見なせる。
  $a + 0i = a$
- 複素数の絶対値は、実数の絶対値の拡張と見なせる。
  $|a + 0i| = |a|$

僕「そうだね」

ユーリ「a が実数だと、絶対値が $|a|$ に等しい実数は 2 個でしょ？
　　a と $-a$」

僕「うん、$a \neq 0$ の場合はそうなる」

ユーリ「$a + bi$ が複素数だと、絶対値が $|a + bi|$ に等しい複素数
　　は無数にある！」

僕「ああ、そういう話か。うん。0 以外で考えると、絶対値があ

　　る値になる実数は 2 個。複素数は無数にある。ユーリがいい
　　たいのはこういうことかな」

- 絶対値が $|a|$ になる実数は、
  数直線上で原点から $|a|$ 離れた点に対応している。
  そのような実数は a と $-a$ である。
  $a = 0$ のとき数直線の原点となる。
- 絶対値が $|z|$ になる複素数は、
  複素平面上で原点から $|z|$ 離れた点に対応している。
  そのような複素数は原点から半径 $|z|$ の円周上にある。
  $z = 0$ のとき複素平面の原点となる。

ユーリ「ちゃんと整合性もあるよ！　だって、半径 $|z|$ の円と実軸
　　が交わるところって、$|z|$ と $-|z|$ だもん！」

僕「なるほど！」

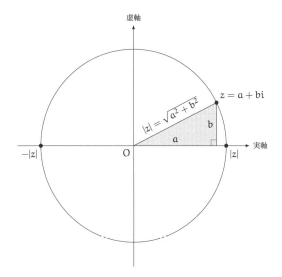

原点中心で複素数 z を通る円と、実軸との交点

ユーリ「おもしろくなってきたかも！」

2.9 複素数の和

僕「次は複素数の和を定義しよう。複素数同士の足し算だね」

複素数の和

$$(a + bi) + (c + di) = (a + c) + (b + d)i$$

ユーリ「いやー、こんな式を並べられましても」

僕「二つの複素数 $a + bi$ と $c + di$ の和をどのように定義するか。実部同士の和 $a + c$ と、虚部同士の和 $b + d$ を使って、$a + c$ を実部に持ち、$b + d$ を虚部に持つ複素数として定義するんだね」

$$(a + bi) + (c + di) = \underbrace{(a + c)}_{\text{実部}} + \underbrace{(b + d)}_{\text{虚部}} i$$

ユーリ「うーん」

僕「簡単な例に当てはめてみれば、何を言ってるかすぐわかるよ。たとえば、$1 + 2i$ と $3 + 4i$ を足したらどうなる？」

$$(1 + 2i) + (3 + 4i) = ?$$

ユーリ「実部同士と虚部同士を足すんだから、$4 + 6i$ かにゃ？」

僕「そうだね！」

$$
\begin{aligned}
(1 + 2i) + (3 + 4i) &= (1 + 3) + (2 + 4)i \quad &\text{実部同士、虚部同士を足す} \\
&= 4 + 6i &\text{それぞれを計算した}
\end{aligned}
$$

ユーリ「当てはめればわかるけど……」

僕「それでね、複素平面上の点はすべて複素数に対応しているわけだから、足し算を行うと点が動くんだよ」

ユーリ「意味わかんない。動く？」

僕「たとえば、ある複素数に《3 を足す》のは、点を《右に 3 動かす》ことになる。$a + bi$ という複素数に 3 を加えて $(a + 3) + bi$ になるからね。図に描けばすぐわかるよ」

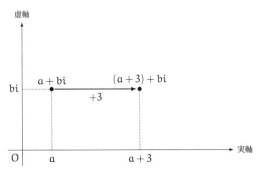

《3 を足す》と《右に 3 動かす》

ユーリ「にゃるほど……あっ、これ実数のときと同じ」

僕「そうそう。実数の足し算は、実軸上で点を動かす」

ユーリ「《3 を引く》は《左に 3 動かす》になるんだね」

僕「そうなるね。それじゃ**クイズ**。《i を足す》という計算は、どういう移動になる？」

ユーリ「《i を足す》のは……《上に 1 動かす》？」

$$a + bi \quad \xrightarrow{+i} \quad a + (b+1)i$$

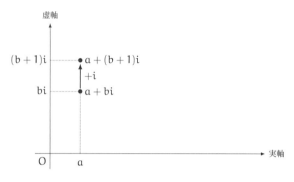

《i を足す》と《上に 1 動かす》

僕「はい正解。そして《3 + i を足す》のは《右に 3 動かし、上に1 動かす》ことに相当するわけだ」

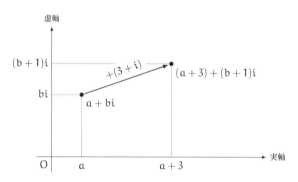

《3 + i を足す》と《右に 3 動かし、上に 1 動かす》

ユーリ「お兄ちゃん？　**ベクトル**で似たよーなことやったね」

僕「ああ、そうだね。二つの平面ベクトルを足し合わせるところだね*」

---

*　『数学ガールの秘密ノート／ベクトルの真実』参照。

ユーリ「あのときは平行四辺形が出てきてた」

僕「ベクトルの和は平行四辺形の対角線として描ける。実部を
x 座標として、虚部を y 座標として考えれば、複素数の和と
ベクトルの和は同じことをやっている」

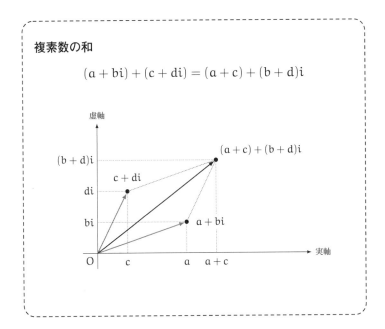

複素数の和

$$(a + bi) + (c + di) = (a + c) + (b + d)i$$

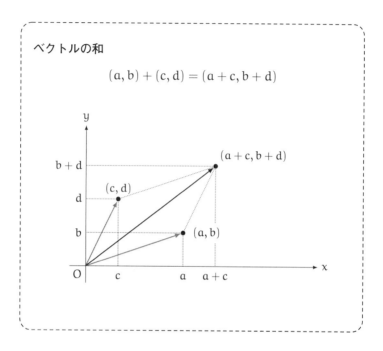

ベクトルの和

$$(a, b) + (c, d) = (a + c, b + d)$$

ユーリ「おんなじだ」

2.10 複素数の実数倍

僕「和を定義したから、複素数の実数倍を定義しよう」

ユーリ「掛け算だね」

僕「複素数の実数倍は、実数の実数倍を使って定義する。和のときと同じだね」

複素数の実数倍

a, b, r を実数とする。複素数 $a + bi$ の r 倍を次式で定義する。

$$r(a + bi) = ra + (rb)i$$

ユーリ「これで定義されたの？」

僕「そうだね。左辺の $r(a + bi)$ を右辺の $ra + (rb)i$ で定義している。r という実数と $a + bi$ という複素数を掛けて得られる複素数は、$ra + (rb)i$ で得られる複素数に等しいと定義している」

$$\underbrace{r}_{\text{実数}} \underbrace{(a + bi)}_{\text{複素数}} = \underbrace{ra}_{\text{実数}} + (\underbrace{rb}_{\text{実数}})i$$

ユーリ「ふーん……次は何を定義するの？」

僕「いやいや、先に進む前に例を作ってみようよ。たとえば、$2 + i$ を 3 倍したらどうなる？」

ユーリ「カンタン！ 定義に当てはめればわかる」

$$3(2 + i) = 3 \times 2 + 3 \times i = 6 + 3i$$

僕「正解！ それを複素平面で見てみよう」

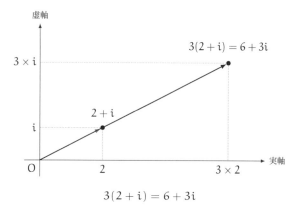

$$3(2+i) = 6+3i$$

ユーリ「あっ！ そーゆーことか！」

僕「どういうこと？」

ユーリ「まっすぐ伸ばしていくってことなんだ！」

僕「そうだね。いつも《伸ばす》とは限らないよ。$r>1$なら原点から遠ざかる。$0<r<1$なら原点に近づく」

ユーリ「そっか」

僕「たとえば、$2+i$を$\frac{1}{2}$倍したらどうなる？」

ユーリ「さっきと同じ計算……」

$$\frac{1}{2}(2+i) = \frac{1}{2} \times 2 + \frac{1}{2} \times i = 1 + \frac{1}{2}i$$

僕「そうそう。複素平面だと確かに原点に近づいてる」

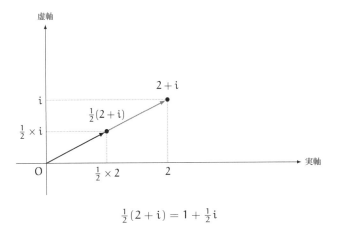

$$\tfrac{1}{2}\,(2+i) = 1 + \tfrac{1}{2}\,i$$

ユーリ「もしかして、−1 を掛けたら、反対向きになる⁈」

僕「そうだね！」

ユーリ「たとえば、2 + i を −1 倍したら、

$$(-1) \times (2 + i) = (-1) \times 2 + (-1) \times i = -2 - i$$

になるよね」

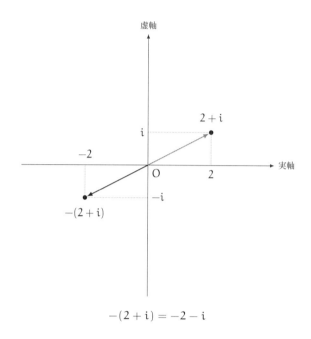

$$-(2+i) = -2-i$$

僕「確かに反対向きになった。実数でマイナスを掛けたときと同じで《向き》が逆になったんだね（p. 13 参照）」

ユーリ「お兄ちゃん！ 複素数の《向き》はどこにあるの？」

2.11 複素数の《向き》はどこにあるか

僕「複素数の《向き》はどこにあるか？」

ユーリ「ほら、実数には《向き》と原点からの《距離》があったじゃん。だったら、複素数にも《向き》と原点からの《距離》があるんじゃないの？」

僕「おっ……そういう意味か」

ユーリ「原点からの《距離》は実数でも複素数でも《絶対値》が
あった。だったら《向き》はどこにあるの？」

僕「実数での《向き》は《符号》に相当していたよね。数直線上
で、原点からその実数が正と負のどちら側にあるかを表すも
のだ。0以外の実数は必ず、正か負のどちらかになる」

ユーリ「それそれ！ 複素数にも《向き》があるんでしょ？」

僕「複素数の《向き》か……なるほど。その発想はすばらしいな、
ユーリ！」

ユーリ「あっ、でも、実数以外の複素数は0と大小比較できない
んだった。だったら駄目？」

僕「いやいや、大丈夫だ！ あるね、あるよ、複素数にも《向き》
を考えられる！」

ユーリ「0と大小比較できるようにしちゃうの？」

僕「違うよ。うん、わかった。ユーリは実数の《向き》を拡張し
て複素数の《向き》を考えたいんだよね」

ユーリ「整合性を持って」

僕「だったら、まずは実数から《向き》を取り出してみよう！」

2.12 実数から《向き》を取り出す

ユーリ「は？ 《向き》だけを取り出すなんてできんの？」

僕「ユーリはさっき、実数には《向き》と原点からの《距離》が あるといってたよね。だからね、実数から《距離》の分を捨 てちゃえばいいんだよ。そうすれば《向き》だけが残る」

ユーリ「うっわー、そんなことできんの？」

僕「できるんだ。**実数 a を、絶対値 $|a|$ で割る**んだ。すると、そ の値が《向き》を表しているんだよ。ゼロ割にならないよう に $a \neq 0$ としておくね」

ユーリ「なんでそれが《向き》になるのか、さっぱりわかんない」

僕「具体例で考えればすぐにわかるよ。いろんな実数を、その絶 対値で割ってみよう！」

● 正の場合

$$\frac{+3}{|+3|} = +1$$

$$\frac{+1}{|+1|} = +1$$

$$\frac{+1000}{|+1000|} = +1$$

$$\frac{+123.45}{|+123.45|} = +1$$

● 負の場合

$$\frac{-3}{|-3|} = -1$$

$$\frac{-1}{|-1|} = -1$$

$$\frac{-1000}{|-1000|} = -1$$

$$\frac{-123.45}{|-123.45|} = -1$$

ユーリ「あ、わかったわかった！ 実数 a を絶対値 $|a|$ で割ったら、$+1$ か -1 のどっちかになるってことね。あったりまえだー！」

僕「0 以外の実数をその絶対値で割るという計算をすれば、実数の《向き》が取り出せたといえる。$+1$ ならば正の向き、-1 ならば負の向き」

---

0 以外の実数 a を絶対値で割って《向き》を取り出す

$$\frac{a}{|a|} = \begin{cases} +1 & a > 0 \text{ の場合} \\ -1 & a < 0 \text{ の場合} \end{cases}$$

ユーリ「なーるほどー……おおおっ？ もしかして？」

僕「もしかして？」

ユーリ「複素数を絶対値で割れば、複素数の《向き》が取り出

　　せる？」

僕「うん、きっとそうだね！」

ユーリ「えー、でも、そんなことして、何が出てくるの？」

僕「数式が教えてくれるよ、きっと！　やってみよう！」

2.13　複素数から《向き》を取り出す

ユーリ「複素数 $a + bi$ を $|a + bi|$ で割る？」

僕「そうだね。絶対値の定義 $|a + bi| = \sqrt{a^2 + b^2}$ を使う」

$$\frac{a + bi}{|a + bi|} = \frac{a + bi}{\sqrt{a^2 + b^2}} \qquad \text{絶対値の定義から}$$

$$= \frac{a}{\sqrt{a^2 + b^2}} + \frac{b}{\sqrt{a^2 + b^2}}i \quad \text{実部と虚部をそれぞれ割った}$$

ユーリ「結局、こんな式になったけど……

$$\frac{a}{\sqrt{a^2 + b^2}} + \frac{b}{\sqrt{a^2 + b^2}}i$$

……《向き》なんか出てこないじゃん！　ごちゃごちゃした式になっただけ」

僕「でもこの式は複素数を表している。複素平面でどんな点にくるか調べてみよう」

ユーリ「複素平面でどこに来るの？」

僕「実部と虚部を確かめれば、複素平面でどこに来るかわかる」

$$\underbrace{\frac{a}{\sqrt{a^2 + b^2}}}_{実部} + \underbrace{\frac{b}{\sqrt{a^2 + b^2}}}_{虚部} i$$

ユーリ「そーだけど……どこに来るんだろう」

僕「原点が中心で半径が 1 の円、つまり**単位円**の円周上に来る！」

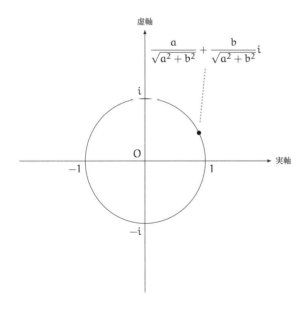

ユーリ「へー……」

僕「反応が薄いな。この複素数が複素平面で原点から 1 の距離に
あることを確かめればすぐわかるよ」

$$\sqrt{\text{実部}^2 + \text{虚部}^2} = \sqrt{\left(\frac{a}{\sqrt{a^2+b^2}}\right)^2 + \left(\frac{b}{\sqrt{a^2+b^2}}\right)^2}$$

$$= \sqrt{\frac{a^2}{a^2+b^2} + \frac{b^2}{a^2+b^2}}$$

$$= \sqrt{\frac{a^2+b^2}{a^2+b^2}}$$

$$= 1$$

ユーリ「そーじゃなくて。何で、

$$\frac{a}{\sqrt{a^2+b^2}} + \frac{b}{\sqrt{a^2+b^2}}i$$

が《向き》なの？」

僕「そうか。$a + bi$ も描かないとわかりにくかったね」

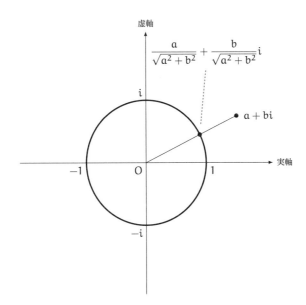

ユーリ「あっ、そーゆーことか！ 複素数 $a + bi$ が原点から見て
こっちの方にあると教えてくれるってこと？」

僕「そうだね！ 単位円の円周上にある、

$$\frac{a + bi}{|a + bi|}$$

という複素数は、原点から $a + bi$ を見たときにどっちの《向
き》にあるかを教えてくれる」

> 0以外の複素数 $a + bi$ を絶対値で割って《向き》を取り出す
>
> $$\frac{a + bi}{|a + bi|} = \frac{a}{\sqrt{a^2 + b^2}} + \frac{b}{\sqrt{a^2 + b^2}}i$$

ユーリ「なるほどー！　あっ、整合性もある！」

僕「確かに。複素数 $a + bi$ が実数のとき、a の正負に応じて $+1$ か -1 になってるね」

ユーリ「おもしろーい！」

僕「そうだ。複素数の向きがわかったから、掛け算もできるね」

ユーリ「え？　掛け算はさっきやったよね」

僕「さっきやったのは、実数×複素数だよね。複素数×複素数はまだだよ」

ユーリ「そっかー……でも、掛け算が《向き》と関係あるの？」

僕「マイナス×マイナスのときは《向き》が関係あったよね」

ユーリ「！！！！」

"世界をもっと広げるには、どうすればいいか。"

第2章の問題

●**問題 2-1**（複素数の計算）
①〜⑤を計算しましょう。

① $1 + 2$

② $i + 2i$

③ $(1 + 2i) + (3 - 4i)$

④ $2(1 + 2i)$

⑤ $\frac{1}{2}(2 + 2i)$

（解答は p. 278）

●**問題 2-2**（複素数の性質）

①〜④のうち、正しいものをすべて挙げてください。

① どんな複素数 z に対しても、
$z = 0$ または $z \neq 0$ が成り立つ。

② どんな複素数 z に対しても、$z - z = 0$ が成り立つ。

③ どんな複素数 z に対しても、$|z| > 0$ が成り立つ。

④ どんな複素数 z に対しても、$0z = 0$ が成り立つ。

（解答は p. 279）

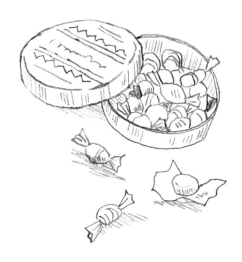

●**問題 2-3**（複素平面と複素数）

図のように複素平面上の点として表されている 9 個の複素数 A, B, C, D, E, F, G, H, O があります。これらの複素数を、絶対値が $\sqrt{2}$ に等しいか、大きいか、小さいかで三種類に分類してください。

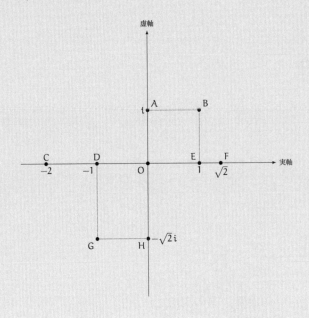

（解答は p.281）

第3章

水面に映る星の影

"いつでも二人が共に動くなら、その関係を知りたくなる。"

3.1 図書室にて

テトラ「ユーリちゃんはいつもすごいですね。複素数でも何でも理解しちゃうんですからっ！」

僕「そうだね。納得いかないとすぐ文句言うけど——いや、それがいいのかな」

　ここは高校の図書室。いまは放課後。
　テトラちゃんは僕の後輩。
　放課後になると、彼女と僕はいつも《数学トーク》を楽しむ。今日の話題は複素数。いまは、いとこのユーリに複素数を教えたときの話をしているところ。

テトラ「……ところで、どうなったんでしょう」

僕「どうなったか？」

テトラ「複素数×複素数のことですよ」

僕「あれ、テトラちゃんは複素数×複素数を知ってるよね？」

テトラ「はい。複素数の積は計算できます。でも、あたしは先輩がどう説明したのか、お聞きしたいんです」

僕「そう？　じゃあ、《向き》の話から続けようか……」

3.2　iを掛ける

テトラ「実数と複素数の《向き》ですか」

僕「うん。0 を除いて考えると、こうまとめられる」

- 実数 a が、数直線で原点からどの《向き》にあるかは、
  実数 a を絶対値 $|a|$ で割った値が示す。
  その値は、絶対値が 1 の実数である。
- 複素数 z が、複素平面で原点からどの《向き》にあるかは、
  複素数 z を絶対値 $|z|$ で割った値が示す。
  その値は、絶対値が 1 の複素数である。

テトラ「絶対値が 1 の数は、原点から 1 だけ離れた数ということですよね」

僕「そうそう、そうだね。具体的には何だかわかる？」

テトラ「はい……具体的にいうと、数直線では $+1$ と -1 の二つの実数です。それから複素平面では単位円周上の複素数です。それが《向き》を表している？」

僕「そういうこと、そういうこと」

テトラ「複素数の向きは、複素数の積とどんな関係にあるんで

しょう。ユーリちゃんに説明なさったんですよね？」

僕「うん、最初は、

$$1 \times i = i$$

という簡単な例を話したよ。つまり、1に i を掛けたら i に等しいけど、それで向きはどう変化するかという例」

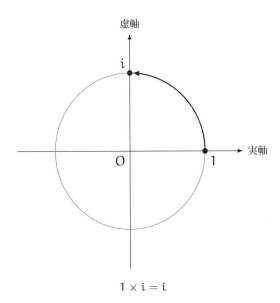

$$1 \times i = i$$

テトラ「ええと、これは1に対して《i を掛ける》という計算をすると、1は《90° 向きを変える》という意味でしょうか？」

僕「うん、そういう意味だよ。

- 1は、i を掛けると、i に等しくなる。
- 1は、90° 向きを変えると、i に一致する。

これは、複素数の積が向きに関係している簡単な例だね」

テトラ「なるほど。まずは簡単な例から話す……」

僕「それから次に、

$$1 \times i \times i = -1$$

という例を話した。つまり、1 に i を掛けてさらに i を掛ける。そうすると -1 に等しくなるという例だね」

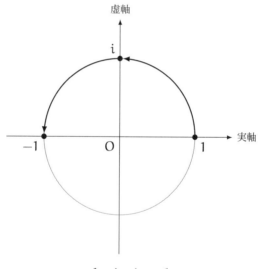

$$1 \times i \times i = -1$$

テトラ「なるほどです！　《i を掛ける》という計算を 2 回繰り返すのは、《-1 を掛ける》ことと同じですが、それはちょうど $90 + 90 = 180$ で《180° 向きを変える》ことになる！」

僕「そうそう。1 に《i を掛ける》という計算を繰り返していくと、

$$1 \xrightarrow{\times i} i \xrightarrow{\times i} -1 \xrightarrow{\times i} -i \xrightarrow{\times i} 1 \xrightarrow{\times i} \cdots$$

のように $1, i, -1, -i$ という値が繰り返して登場するよね。これは――」

テトラ「90° ずつ向きを変えて、くるくる回ってるんですねっ！」

テトラちゃんは大きなジェスチャで手を回す。きっと i を掛けることを表現しているんだな。

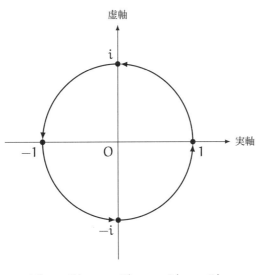

$$1 \xrightarrow{\times i} i \xrightarrow{\times i} -1 \xrightarrow{\times i} -i \xrightarrow{\times i} 1 \xrightarrow{\times i} \cdots$$

僕「i を 1 個掛けるたびに 90° 回転するのを見てきた。2 個掛ければ 180° 回転だし、3 個掛ければ 270° 回転。4 個掛ければ 360° 回転で元に戻る」

テトラ「はい、そうですね。360° 回転するのは 0° 回転するのと
　　　同じこと。i^4 を掛けるのは 1 を掛けるのと同じこと」

僕「それから、270° 回転というのは −90° 回転ともいえるけど、
　　これは $1 \times i^3 = 1 \times (-i)$ であることに対応している」

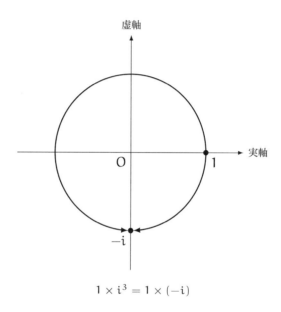

$$1 \times i^3 = 1 \times (-i)$$

テトラ「はい」

僕「ここまで、1 に i を繰り返し掛ける例を見てきたから、複素数
　　の積で向きが変わるイメージが少しつかめた。じゃあ次に、
　　一般の複素数 $a + bi$ に i を掛けてみるね。

$$(a + bi) \times i = ai + bii \qquad \text{展開した}$$
$$= ai - b \qquad ii = i^2 = -1 \text{ だから}$$
$$= -b + ai \qquad \text{項の順序を入れ換えた}$$

複素平面で $a + bi$ が $-b + ai$ に移ったということは、**原点を回転の中心として、$90°$ 反時計回りに回転した**ということ。これはすごく大事な観察だよね」

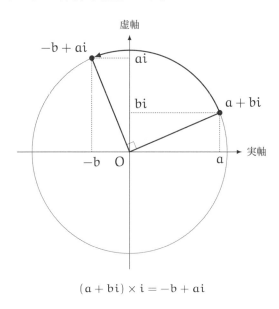

$$(a + bi) \times i = -b + ai$$

テトラ「なるほどです。でも、これだと i 以外の複素数を掛けたらどうなるかはわかりませんよね？」

僕「そうなんだ。i を掛けて $90°$ 回転するのはあくまで一例。ここで僕たちは**一般化**を考えたくなる」

テトラ「なるほど。$a + bi$ と $c + di$ という二つの複素数の積、

$$(a + bi)(c + di)$$

を展開するんですねっ! いますぐ計算します!」

$$
\begin{aligned}
(a + bi)(c + di) &= (a + bi)c + (a + bi)di && \text{展開した}\\
&= ac + bic + adi + bidi && \text{さらに展開した}\\
&= ac + bci + adi + bdii && \text{文字順を変えた}\\
&= ac + bci + adi - bd && ii = i^2 = -1 \text{ だから}\\
&= (ac - bd) + (ad + bc)i && i \text{ でくくった}
\end{aligned}
$$

僕「ええと、うん。それは複素数の積として正しい。i を普通の文字だと思って $(a + bi)(c + di)$ を展開したんだね。複素数も実数と同じように分配法則や交換法則や結合法則が成り立つと定めれば、複素数×複素数をどう定義すべきかは決まることになる」

テトラ「はい。こう定義すればいい……ややこしい式ですよね」
$$(a + bi)(c + di) = (ac - bd) + (ad + bc)i$$

僕「でも、ユーリへの説明はそんなふうには進まなかったんだ」

テトラ「あら、あらら?」

僕「向きについて先に話そうと思ったからだよ」

テトラ「向きについて……」

僕「うん。i を掛けるときに単位円と角度が出てきた。ということは**三角関数**を持ち出すのが自然だよね」

テトラ「三角関数!」

3.3　単位円から三角関数へ

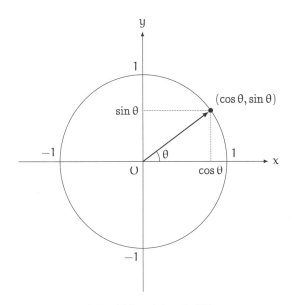

単位円周上の点と三角関数

僕「原点が中心で半径が 1 の単位円を描くと、その円周上の点は、

$$(\cos\theta, \sin\theta)$$

　のように書ける。これはわかる？」

テトラ「ええと……はい、大丈夫です」

僕「単位円周上にある点の座標は、この図に θ（シータ）と書いた角度を
　使って表せる。cos（コサイン）と sin（サイン）という三角関数を使うんだね。単

位円の円周上の点を考えて、

- その点の x 座標の値を $\cos\theta$ と書く。
- その点の y 座標の値を $\sin\theta$ と書く。

$\cos$ と $\sin$ という二つの関数を、単位円を使って定義したんだ。このときの角度 θ のことを**偏角**という」

テトラ「はい、$\cos$ と $\sin$ は《お友達》です！」

僕「いま単位円を描いた座標平面の x 軸を実軸と見なす。そして y 軸を虚軸と見なす。すると、座標平面はそのまま複素平面と見なせることになるよね」

テトラ「複素数 $a + bi$ の実部 a を x 座標の値だと思って、虚部 b を y 座標の値だと思う——ということですか？」

僕「その通り。座標平面上の単位円周上にある点は、

$$(\cos\theta, \sin\theta)$$

と表せる。じゃ、その点が複素平面上にあると見なすなら、どんな複素数になるかな？」

テトラ「実部が $\cos\theta$ で虚部が $\sin\theta$ ですから、$\cos\theta + \sin\theta i$ という複素数です！」

僕「正解！……と言いたいけど、惜しい。$\sin\theta i$ と書くと $\sin(\theta i)$ に見えてしまうから。テトラちゃんがここで言いたいのは《$\sin\theta$ 倍した i》なので $(\sin\theta)i$ ということだね。$(\sin\theta)i$ でもいいけど、$i\sin\theta$ と書くとカッコを使わずに済むよ」

テトラ「なるほどです。複素平面で単位円周上にある複素数は、

$$\cos\theta + i\sin\theta$$

と表せるんですね」

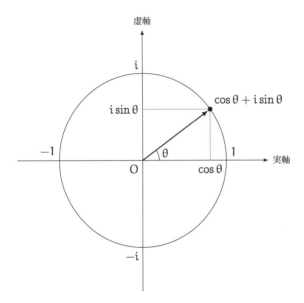

複素平面上の単位円周上の点は $\cos\theta + i\sin\theta$ と表せる

僕「そうだね。いまのは単位円周上にある複素数だけど、一般の
　　複素数 z も同じように表せる」

テトラ「一般の複素数は、$z = a + bi$ と表せますが？」

僕「うん、そうだけど、いまは複素数 z を、絶対値 $|z|$ と偏角 θ で
　　表したい」

テトラ「一般の複素数を、絶対値と偏角で表したい……」

僕「複素数 z は、単位円周上の複素数 $\cos\theta + i\sin\theta$ を $|z|$ 倍した

ものに等しいんだ。つまり、

$$z = |z|(\cos\theta + i\sin\theta)$$

ということ」

テトラ「……す、すみません。ピンと来ません」

僕「図を描けばすぐにわかるよ」

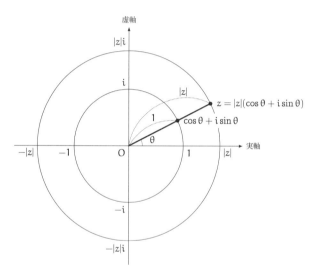

複素数 z は、$|z|$ 倍した $\cos\theta + i\sin\theta$

テトラ「ははあ……単位円周上の点で《向き》を定めておいて、
 ぐーんと伸ばすイメージでしょうか」

僕「そうなるね。伸ばすのか縮めるかは $|z|$ の値によるけれどね」

テトラ「あ、そうですね」

僕「偏角を考えるときは $0° \leqq \theta < 360°$ や、$-180° < \theta \leqq 180°$
のように θ の範囲を定めておくことが多いよ。これは、一つ
の複素数 z に対して θ が必ず一つに定まるようにするため、
つまり、θ が一意に定まるようにするためだね」

テトラ「一つの複素数 z に対して θ が一つに定まらないことなん
てあるんですか？」

僕「うん、あるよ。範囲を定めないと何回転でもできちゃうから」

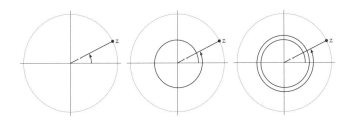

テトラ「あっ、そうですよね」

僕「それから $z = 0$ のときも $z = |z|(\cos\theta + \mathrm{i}\sin\theta)$ と書けるけ
ど、そのとき θ はどんな値でも構わなくなってしまうから、
$z = 0$ は特別扱いすることが多いよ」

テトラ「わかりました」

僕「三角関数を使うとき、角度は**度**じゃなくて**ラジアン**で表すこ
とが多いから、$0° \leqq \theta < 360°$ といいたいときは $0 \leqq \theta < 2\pi$
とするけどね。$360°$ は 2π ラジアンだから」

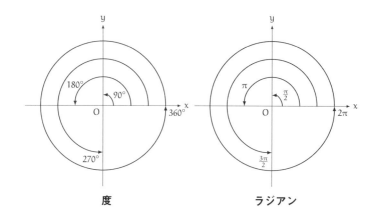

| 度 | ラジアン |

テトラ「大丈夫です……ここからどうなるんでしょう」

僕「さっきテトラちゃんは、一般の複素数 z は、

$$z = a + bi$$

と書けるといった。実部 a と虚部 b を使って表すこの方法
はもちろん正しいよ。でもいま僕たちは同じ複素数 z を、

$$z = |z|(\cos\theta + i\sin\theta)$$

と書けることを理解した。絶対値 $|z|$ と偏角 θ で表したんだ
ね。これも正しい」

テトラ「……」

僕「一つの複素数 z を二通りに書いたんだから、

$$a + bi = |z|(\cos\theta + i\sin\theta)$$

が成り立つ。右辺を展開すれば、

$$\underbrace{a}_{実部} + \underbrace{b}_{虚部}\ i = \underbrace{|z|\cos\theta}_{実部} + \underbrace{i\,|z|\sin\theta}_{虚部}$$

となる。複素数が等しいとは、実部と虚部がそれぞれ等しいことだから、

$$\begin{cases} a = |z|\cos\theta & 実部 \\ b = |z|\sin\theta & 虚部 \end{cases}$$

を確かめたことになる」

テトラ「なるほど……」

僕「これで僕たちは、複素数の二つの表記法を手に入れたんだ。いわば、二つの目だね」

テトラ「二つの目……ですか？」

3.4 極形式

僕「そう。複素数を $a + bi$ として見る目と、$r(\cos\theta + i\sin\theta)$ として見る目だよ」

テトラ「いま出てきた r は何ですか」

僕「ああ、ごめん。$r = |z|$ と置いたんだ。複素数を絶対値 $|z|$ と偏角 θ で表すのを**極形式**という。極形式ではよく絶対値を r という文字で表現するから、つい使っちゃった」

テトラ「どうして r という文字を使うんでしょう？」

僕「半径という意味だと思うよ」

テトラ「ああ、"radius" ですね」

僕「極形式では必ず円が出てくるね。原点を中心として原点と複素数を結ぶ線分を半径とする円。r はその半径でもあるし、原点と複素数の距離でもあるし、複素数の絶対値でもある。だから必ず $r \geqq 0$ になる」

テトラ「確かに、r は 0 以上ですね」

僕「複素数には大きく二つの表記法があるんだよ。

- 実部 a と虚部 b を見ると、複素数は $a + bi$ だ。
- 絶対値 r と偏角 θ を見ると、複素数は $r(\cos\theta + i\sin\theta)$ だ。

必要に応じて切り換えて表現できるわけだね」

テトラ「なるほどです。二つの目、二つの表記という意味がわかってきました。$a + bi$ は、実軸上の実数 a と虚軸上の bi を使って複素数を表しています。でもそれは一つの表記に過ぎないんですね」

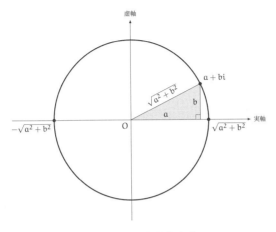

a + bi で複素数を表す

僕「そうだね。$r(\cos\theta + i\sin\theta)$ は、コンパスを半径 $r = |z|$ に広げて、角度が θ であるような点を表している。複素平面上にあるどの点も、半径と角度を組み合わせれば指定できるから、これもまた複素数を表すことができるんだね」

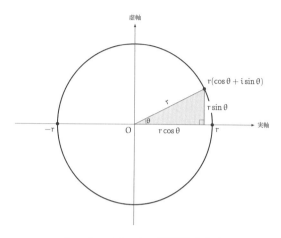

r(cos θ + i sin θ) で複素数を表す

テトラ「ここまで、理解しましたっ！」

	実部と虚部で表す	極形式で表す
一般の複素数	$a + bi$	$r(\cos \theta + i \sin \theta)$
実部	a	$r \cos \theta$
虚部	b	$r \sin \theta$
絶対値	$\sqrt{a^2 + b^2}$	r

複素数の二つの表記法

僕「複素数を実部と虚部で表すのは、複素平面を直交座標で表す
こと。それに対して複素数を極形式で表すのは、複素平面を
極座標で表すこと——そんなふうにもいえるね」

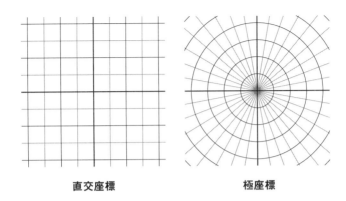

直交座標   極座標

テトラ「ははあ……」

僕「それじゃ、いよいよ複素数の積を考えよう！」

テトラ「はいっ！」

3.5 複素数の積

僕「テトラちゃんはさっき、複素数の積はこうなるはずという計算をしてくれた」

テトラ「はい。これのことですね」

$$(a + bi)(c + di) = (ac - bd) + (ad + bc)i$$

僕「これは実部と虚部で積を見ているわけだね」

テトラ「……絶対値と偏角で積を見るとどうなるんでしょう！」

僕「まず、二つの複素数を絶対値と偏角で表してみよう」

$$\begin{cases} z_1 = |z_1|(\cos\theta_1 + i\sin\theta_1) \\ z_2 = |z_2|(\cos\theta_2 + i\sin\theta_2) \end{cases}$$

テトラ「この二つを掛けて、展開するんでしょうか」

僕「そうだね。いまやろうとしているのは、$|z_1|, |z_2|, \theta_1, \theta_2$ を使って積 $z_1 z_2$ を表すことだから」

$$z_1 z_2 = \underbrace{|z_1|(\cos\theta_1 + i\sin\theta_1)}_{z_1}\underbrace{|z_2|(\cos\theta_2 + i\sin\theta_2)}_{z_2}$$
$$= |z_1||z_2|(\cos\theta_1 + i\sin\theta_1)(\cos\theta_2 + i\sin\theta_2)$$

テトラ「とても複雑ですが、さらに展開するんですよね？」

僕「そうなんだけど、展開する前によく観察してみよう。

$$\underbrace{|z_1||z_2|}_{\text{絶対値の積}} \underbrace{(\cos\theta_1 + i\sin\theta_1)(\cos\theta_2 + i\sin\theta_2)}_{\text{単位円周上の複素数の積}}$$

つまり、後ろの複雑そうに見える部分は、単位円周上にある二つの複素数の積であることがわかるね」

テトラ「確かにそうですね。ではっ、展開します……」

$$z_1 z_2 = \cdots$$
$$= |z_1||z_2|(\cos\theta_1 + i\sin\theta_1)(\cos\theta_2 + i\sin\theta_2)$$
$$= |z_1||z_2|\big((\cos\theta_1\cos\theta_2 - \sin\theta_1\sin\theta_2) + i(\sin\theta_1\cos\theta_2 + \cos\theta_1\sin\theta_2)\big)$$
$$= こ、これはもしかして、加法定理……でしょうか？$$

僕「そう、①と②の形を注意深く見ると気付くよね。

$$|z_1||z_2|\big((\underbrace{\cos\theta_1\cos\theta_2 - \sin\theta_1\sin\theta_2}_{①}) + i(\underbrace{\sin\theta_1\cos\theta_2 + \cos\theta_1\sin\theta_2}_{②})\big)$$

加法定理は cos と sin の定義から導ける定理だ。僕たちが計算してきた式の形にぴったり当てはまる」

加法定理

$$\begin{cases} \cos(\alpha + \beta) = \cos\alpha\cos\beta - \sin\alpha\sin\beta \\ \sin(\alpha + \beta) = \sin\alpha\cos\beta + \cos\alpha\sin\beta \end{cases}$$

テトラ「はい。加法定理は先日ていねいに教えていただきました*」

僕「そうだね。実はユーリはこの加法定理で根気が尽きちゃったんだ。まとめて説明しようとした僕が悪いんだけど」

テトラ「複雑な式ですから……」

僕「式は複雑だけど、大事なポイントを押さえれば、加法定理をどんなときに使うかはわかるんだけどね。左辺には $\alpha + \beta$ が出てきて、右辺には α と β とが出てくる。だから、$\alpha + \beta$ を α と β に分けたり、逆に α と β を $\alpha + \beta$ にまとめたりするときに使える」

$$\begin{cases} \cos(\alpha + \beta) = \cos\alpha\cos\beta - \sin\alpha\sin\beta \\ \sin(\alpha + \beta) = \sin\alpha\cos\beta + \cos\alpha\sin\beta \end{cases}$$

テトラ「はい。そうですねっ！」

僕「加法定理を使って、積 $z_1 z_2$ の計算を続けると、こうなる」

---

* 『数学ガールの秘密ノート／丸い三角関数』参照。

$$z_1 z_2 = \cdots$$

$$= |z_1||z_2| \big((\cos\theta_1 \cos\theta_2 - \sin\theta_1 \sin\theta_2) + i(\sin\theta_1 \cos\theta_2 + \cos\theta_1 \sin\theta_2) \big)$$

$$= |z_1||z_2| \big(\cos(\theta_1 + \theta_2) + i\sin(\theta_1 + \theta_2) \big)$$

テトラ「まとめると、こうですが……」

$$z_1 z_2 = |z_1||z_2| \big(\cos(\theta_1 + \theta_2) + i\sin(\theta_1 + \theta_2) \big)$$

僕「さあ、テトラちゃんはこの式をどう読む？」

テトラ「どう読む……どう読むんでしょう。二つの複素数の積は この計算で求められる——と読む？」

僕「右辺に、単位円周上の点があるのはわかるよね」

$$z_1 z_2 = |z_1||z_2| \big(\underbrace{\cos(\theta_1 + \theta_2) + i\sin(\theta_1 + \theta_2)}_{\text{単位円周上の点}} \big)$$

テトラ「ああ、そうですね。偏角は $\theta_1 + \theta_2$ です」

僕「そこ！ 偏角は和になるんだ！ そこがおもしろいところ」

$$z_1 z_2 = \underbrace{|z_1||z_2|}_{\text{積}} \big(\cos(\underbrace{\theta_1 + \theta_2}_{\text{和}}) + i\sin(\underbrace{\theta_1 + \theta_2}_{\text{和}}) \big)$$

テトラ「ははあ……」

僕「複素数では《積の絶対値は、絶対値の積》ともいえる」

$$|z_1 z_2| = |z_1||z_2|$$

テトラ「……」

僕「そして、複素数では《積の偏角は、偏角の和》なんだ。複素

数 z の偏角を $\arg(z)$ で表すことにすると、こう書ける。

$$\arg(z_1 z_2) = \arg(z_1) + \arg(z_2)$$

この等式では 2π の違いを同一視しているけどね[*]。《積の偏角は、偏角の和》が何をいってるかは、複素平面に描いてみるとよくわかるよ。z_1 の偏角に z_2 の偏角を足すと、$z_1 z_2$ の偏角になるんだ！」

---

[*] 「付録：極形式による複素数の表現」を参照（p. 137）。

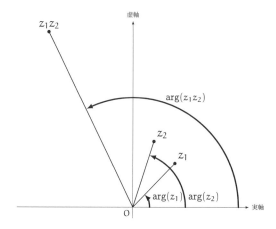

$z_1, z_2, z_1 z_2$ の偏角

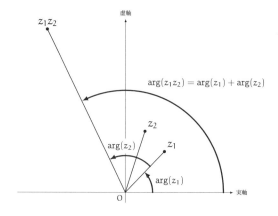

《積の偏角は、偏角の和》

テトラ「ちょ、ちょっと待ってください。arg(z) は偏角……？」

僕「ちょっと早すぎた？ $z = r(\cos\theta + i\sin\theta)$ というのは、r と θ で z を表したものだけど、逆に z から r や θ を表すときの表記の話だよ。$r = |z|$ と表すし、$\theta = \arg(z)$ と表す。ただし、$z = 0$ のとき偏角は一意に決まらないから arg(0) は未定義だけど」

テトラ「ああ……わかりました。arg(z) は z から偏角を得る関数ということですね」

僕「そうだね*」

テトラ「ここまでの話、整理させてください」

- あたしたちは、複素数の積を考えてきました。
- 具体的に z_1 と z_2 という二つの複素数の積を考えます。
- 偏角を θ_1 として、$z_1 = |z_1|(\cos\theta_1 + i\sin\theta_1)$ と書けます。
- 偏角を θ_2 として、$z_2 = |z_2|(\cos\theta_2 + i\sin\theta_2)$ と書けます。
- 加法定理を使って積 $z_1 z_2$ を計算すると、

$$z_1 z_2 = |z_1||z_2|(\cos(\theta_1 + \theta_2) + i\sin(\theta_1 + \theta_2))$$

という式が得られます。この式をよく見ると——
- 積の絶対値 $|z_1 z_2|$ は $|z_1||z_2|$ で得られます。
  つまり、《積の絶対値は、絶対値の積》です。
- 2π ラジアンの違いを同一視すると、積の偏角 $\arg(z_1 z_2)$ は、偏角の和 $\arg(z_1) + \arg(z_2)$ で得られます。つまり、《積の偏角は、偏角の和》です。

---

* arg という名前は、英語の "argument"（偏角）から来ています。

僕「うん、その通りだね。ありがとう！」

テトラ「こちらこそ、ありがとうございます」

3.6 共役複素数

僕「ユーリには、そんな話をしたんだよ」

テトラ「複素数×複素数は複素数同士の掛け算——というだけなのに、ずいぶん世界が広がるように感じます」

僕「そうだね。複素平面の上を《ぐるぐる》と動き回るみたいだ」

テトラ「あたしの頭も気持ちよく《ぐるぐる》してます……」

僕「ユーリには複素数の積までは話したけど、共役複素数の話まではできなかったな」

テトラ「共役複素数……といえば《水面に映る星の影》ですね！」

僕「みなもにうつるほしのかげ？」

テトラ「はい、そうです。共役複素数って $a + bi$ と $a - bi$ のことですよね？」

僕「そうだよ。ちゃんというと……

複素数 $a + bi$ に対して、
複素数 $a - bi$ のことを、
$a + bi$ の共役複素数と呼ぶ。

……ということ。複素数 $a + bi$ の共役複素数は $a - bi$ だし、

　　逆に複素数 $a - bi$ の共役複素数は $a + bi$ になる。$a + bi$ と $a - bi$ は**複素共役**であるという言い方もするよ」

- 複素数 $a + bi$ の共役複素数は、$a - bi$ である。
- 複素数 $a - bi$ の共役複素数は、$a + bi$ である。
- $a + bi$ と $a - bi$ は複素共役である。

テトラ「はい、その 2 つの複素数……つまり、$a + bi$ と $a - bi$ を複素平面に描くと 2 個の点になりますよね。こんなふうに」

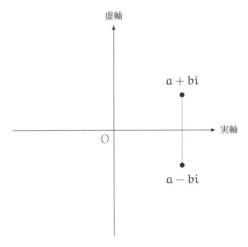

$a + bi$ と $a - bi$ は複素共役

僕「そうだね」

テトラ「それはまるで《水面に映る星の影》みたいだなあ、と思ったんですよ*」

---

* 『数学ガール／ガロア理論』参照。

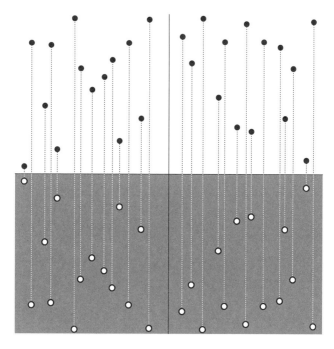

《水面に映る星の影》
共役複素数の虚部は符号反転になる

僕「ああ、確かにね。実軸を対称軸として、$a + bi$ と $a - bi$ が
対称の位置にあるから」

テトラ「はい。でも、あの……共役複素数っていったい何なんで
しょうか？」

3.7 共役複素数の性質

僕「共役複素数とは何か。それに答えるのは難しいなあ。だって、もうテトラちゃんは定義を知っているわけだから」

テトラ「そうですね……あたしは何を知りたいんでしょう。どうして共役複素数というものを考えるか?」

僕「共役複素数には、おもしろい性質があるよ。複素共役な二つの複素数を足し合わせると実数になる。それから掛け合わせても必ず実数になる」

共役複素数の和と積

複素共役な複素数の和と積は、どちらも実数になる。

すなわち、実数 a, b と虚数単位 i に対して次が成り立つ。

- 和 $(a + bi) + (a - bi)$ は実数である。
- 積 $(a + bi)(a - bi)$ は実数である。

テトラ「ええと……これはあたしでも確かめられそうです。実際に計算すればいいんですよね?」

$$和 = (a + bi) + (a - bi)$$
$$= a + bi + a - bi$$
$$= 2a$$
$$積 = (a + bi)(a - bi)$$
$$= aa - abi + bia - bbii$$
$$= a^2 - abi + abi - b^2i^2$$
$$= a^2 - (-b^2)$$
$$= a^2 + b^2$$

僕「和は $2a$ で、積は $a^2 + b^2$ になる。これで——」

テトラ「はい、これで、和も積も実数になっていることが確かめられました。a と b が実数なので、$2a$ も $a^2 + b^2$ も実数といえるからです」

僕「そういうこと。特に**積**がおもしろいんだよ！」

テトラ「積というと $(a + bi)(a - bi) = a^2 + b^2$ ですが？」

僕「$a^2 + b^2$ は、$|a + bi|$ や $|a - bi|$ の 2 乗に等しいよね！」

$$|a + bi|^2 \quad = \left(\sqrt{a^2 + b^2}\right)^2 \quad = a^2 + b^2$$
$$|a - bi|^2 \quad = \left(\sqrt{a^2 + (-b)^2}\right)^2 \quad = a^2 + b^2$$

テトラ「確かにそうですが——あの、すみません。いつもあたしは So what?（だから、何？）って思ってしまうんです」

僕「うん、そうだね」

テトラ「数学を学んでいると『この数には、こんな性質があるよ』

とか『この式からこんな関係が導けるよ』と教えられます。おもしろく感じるときもありますし、『なるほど！』と思うこともあるんですが、胸の中に《もやもや》が残るんです。『そんな性質があるから、何？』や『そんな関係が導けるから、何？』……そんな《もやもや》です」

僕「うん。テトラちゃんがそう感じるのはよく知ってるよ」

テトラ「す、素直じゃなくて、すみません」

僕「素直だよ。テトラちゃんは、自分の《わかってない気持ち》に対して素直なんだ」

テトラ「あっ……ありがとうございますっ！」

僕「ところで、僕は《だから、何？》に答えられないかも。つまり『複素共役な二つの複素数の積が絶対値の 2 乗になる』ことの何がおもしろいのか、うまく説明できないなあ」

テトラ「そうなんですか……」

僕「でもね、数式をいじっていて《つながる》ときがある。それはすごくおもしろい。『似たような計算をしたことがある』と感じるとき。『この式の形、見たことあるぞ』って気付くとき。それはすごくおもしろいんだ」

テトラ「あっ……その気持ちはあたしもわかります」

僕「僕は数式をいろいろ変形するのが好きなんだけど、だんだん《こういうこと、よくあるなあ》という経験が集まってくる。テトラちゃんもよく言うよね。概念と《お友達になる》って。数式を使って計算しているというのは、友達とのおしゃべり

と似ているかも。友達と話すとき、いちいち『いまの話は何の役に立つか』なんて考えないよね」

テトラ「それは──確かにそうですね」

僕「何に役立つかはよくわからないし、どんな意味があるかもはっきりしない。でも、なぜか、楽しい。でも、なぜか、もっと話していたくなる」

テトラ「はい……はい……でも、おしゃべりが終わって、家に帰って、一人になったとき、《あのときの、あの人の、あの言葉は、どんな意味を持ってたの？》と思うことは──あの……ええと……よくあります」

僕「うん。それは数式をいじっているときと同じだ！ 意味ありげだけど、はっきりしない。はっきりさせたいけれど、どうすればいいかよくわからない。だからこそ、もっと計算したくなる。もっと考えたくなる」

テトラ「先輩……その感じ、よくわかります」

僕「だよね！」

テトラ「……共役複素数が何かというのはさておいて、あたしは計算そのものが嫌いなわけじゃないんです。根気よく続けていけば、計算は進みますから。$a + bi$ と $c + di$ を使って計算して、i^2 が出てきたら -1 にすればいいんですよね」

僕「うん、それはそれでいいんだけど──そうだ、テトラちゃんは、こんなプレゼントがあったら喜ぶかな」

テトラ「プ、プレゼント？ 喜びますっ！」

3.8　共役複素数の表記

僕「ごめん！ プレゼントというのは言い過ぎかも。あのね、『$a+bi$ の共役複素数は $a-bi$』のように、a と b が見えていたよね」

テトラ「はあ……？」

僕「それから極形式では『$r(\cos\theta+i\sin\theta)$ の共役複素数は $r(\cos\theta-i\sin\theta)$』のように r と θ が見えていた」

テトラ「はい。だってそれが共役複素数ですよね？」

僕「うん、正しいんだけど、共役複素数をより深く理解するのに、それ専用の表記があると便利なんだ」

テトラ「共役複素数に専用の表記……」

僕「そうなんだよ。複素数 z の共役複素数を、$\bar{z}$ と表記することにしよう」

z と $\bar{z}$

複素数 z に対して、その共役複素数を、

$$\bar{z}$$

と表記する。すなわち、

$$\overline{a + bi} = a - bi$$

である。極形式では、

$$\overline{r(\cos\theta + i\sin\theta)} = r(\cos\theta - i\sin\theta)$$

である。

テトラ「これが……プレゼント？」

僕「ごめん、ほんとごめん。《プレゼント》って言葉選びは失敗だったね」

テトラ「いえいえ」

僕「テトラちゃんは『文字がたくさん出てくるとパニックになる』ってよく言うよね」

テトラ「あ、そうですね。《あわあわ》しちゃいます。で、でも、最近はかなり持ちこたえていますよ……」

僕「z の共役複素数を $\bar{z}$ と書くと、いろんな概念が簡潔に書けるんだよ。たとえば、これは何をいってるかわかる？」

$$\bar{\bar{z}} = z$$

テトラ「ええと、上の線が二本あります……あ、わかりました。ある複素数 z の共役複素数は $\bar{z}$ で表せて、さらにその共役複素数は $\bar{\bar{z}}$ で表せるという意味になります。だからこれは、共役複素数の共役複素数は自分自身になることを表しているんですね」

僕「そうそう！ もちろん、$z = a + bi$ と表すことですぐに確かめられる」

$$\bar{\bar{z}} = \overline{\overline{a + bi}} = \overline{a - bi} = a + bi = z$$

テトラ「星→影→星と移って、もとに戻ったんですね。影→星→影かもしれませんけど」

僕「そうだね。じゃあ、この式は解読できる？」

$$z\bar{z} = |z|^2$$

テトラ「《共役複素数との積は、絶対値の 2 乗》ですねっ！」

$$z\bar{z} = (a + bi)(a - bi) = a^2 + b^2 = \left(\sqrt{a^2 + b^2}\right)^2 = |z|^2$$

僕「うんうん。さて、そこでだよ、テトラちゃん」

テトラ「はいはい？」

僕「僕はこの式、

$$z\bar{z} = |z|^2$$

を見る。そして、z が単位円周上の点ならどうなるかな——のように考える。条件を付けたら何かおもしろいことが言えないかなってね」

テトラ「ええと……単位円周上の点ということは、絶対値が 1 の
　　　複素数の場合ということですよね。$|z| = 1$ のときです」

僕「そうだね。$|z| = 1$ のとき、$z\bar{z} = |z|^2 = 1^2 = 1$ になるし、逆
　　に $z\bar{z} = 1$ だったら $|z| = \sqrt{z\bar{z}} = \sqrt{1} = 1$ になる。つまり、

$$|z| = 1 \quad \Longleftrightarrow \quad z\bar{z} = 1$$

　　がいえる」

テトラ「す、すみません。また心の中に So what? の声が……」

僕「うん。$z\bar{z} = 1$ ということは、

　　　　絶対値が 1 のとき、共役複素数は逆数になる

　　といえるんだよ！」

テトラ「共役複素数が逆数になる？」

僕「そうだね。実数 x の逆数というのは x に掛けたときに 1 に等
　　しい実数のこと」

テトラ「はい。x の逆数は $\frac{1}{x}$ です」

僕「同じように、複素数 z の逆数も z に掛けたときに 1 に等しい
　　複素数と定義しよう。そうすると、複素数 z の絶対値が 1 の
　　とき、z の逆数は共役複素数 $\bar{z}$ で求められる」

テトラ「……確かに」

僕「複素数 z の逆数を $\frac{1}{z}$ と書くことにすると、

$$|z| = 1 \quad \Longleftrightarrow \quad \bar{z} = \frac{1}{z}$$

のように表せることになる。さらに、z の逆数を z^{-1} と書くなら、

$$|z| = 1 \quad \Longleftrightarrow \quad \bar{z} = z^{-1}$$

と簡潔に表せる！ 共役複素数と逆数という関係なさそうなものが、急に結びつくのはとても楽しい。また、$\bar{z} = z^{-1}$ は書き方としても何だかおもしろい。言葉大好きテトラちゃんなら喜びそうって思ったんだ」

テトラ「先輩っ、すてきなプレゼント、ありがとうございます！《言葉大好きテトラちゃんなら喜びそう》という言葉も、すてきなプレゼントですっ！」

僕「それはよかった」

テトラ「共役複素数のおもしろさが少しわかってきました。あたしが《共役複素数》というと《水面に映る星の影》だと感じるのに似ています。いろんな姿があるんですね……」

僕「うん、そうだね。複素数を $a + bi$ という表記だけで見ていると、《複素数 $a + bi$ から共役複素数 $a - bi$ を得る》というのは《虚部 b の符号を反転させる》としか考えられなくなる」

テトラ「はい、わかります」

僕「もちろんそれは正しいんだけど、あくまで一つの見方に過ぎないんだ。$|z| = 1$ という条件があれば、《複素数 z から共役複素数 $\bar{z}$ を得る》のは《z の逆数を得る》といえる」

テトラ「$|z| = 1$ という条件がないときには、どうなりますか？」

僕「条件がないときには、$z\bar{z} = |z|^2$ から、

$$\overline{z} = \frac{|z|^2}{z}$$

になって、分子に $|z|^2$ が出てきちゃう。もちろんこれは、

$$\overline{z} = |z|^2 z^{-1}$$

と書いてもいい」

テトラ「……」

僕「共役複素数は積で重要という点でも、逆数と似ているよ」

テトラ「共役複素数は積で重要……といいますと」

僕「z は複素数だから、実数かもしれないし、虚数かもしれない。
　　でも、z に対して共役複素数 $\overline{z}$ を掛ければ必ず実数になる。
　　だって、

$$z\overline{z} = |z|^2$$

　　で $|z|^2$ は実数だからね。複素数 z に共役複素数 $\overline{z}$ を掛ければ
　　実数になるという性質はいかにも式変形で役立ちそうだ」

テトラ「せせせ先輩っ！　あたし、発見しましたっ！」

僕「……どうしたの？」

テトラ「あたし、共役複素数を《水面に映る星の影》のようにと
　　らえていましたが、別の見方もありますっ！　共役複素数は
　　逆回転しています！」

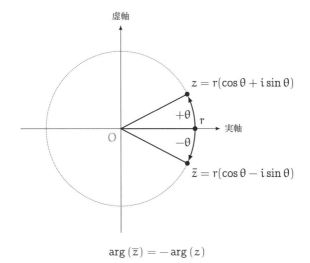

$$\arg\left(\overline{z}\right)=-\arg\left(z\right)$$

僕「うんうん、そうだね！ その逆回転のようすは cos と sin が次の性質を持っていることからも確かめられるよ。

$$\begin{cases} \cos\theta = & \cos(-\theta) \qquad \text{cos は偶関数} \\ \sin\theta = & -\sin(-\theta) \qquad \text{sin は奇関数} \end{cases}$$

これを考えれば——

$$\begin{aligned} z &= r(\cos\theta + i\sin\theta) &= r(\cos\theta + i\sin\theta) \\ \overline{z} &= r(\cos\theta - i\sin\theta) &= r(\cos(-\theta) + i\sin(-\theta)) \end{aligned}$$

——のように、共役複素数の偏角が符号反転になることがよくわかる」

テトラ「実数 r を偏角 θ で回転させた複素数と、実数 r を偏角 −θ で回転させた複素数とが複素共役の関係にあるんですね……！」

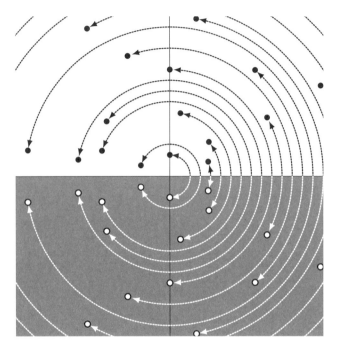

共役複素数の偏角は符号反転になる
$$\arg\left(\overline{z}\right) = -\arg\left(z\right)$$

"同じ動きをする二人がいたら、同じ関係か知りたくなる。"

付録：極形式による複素数の表現

極形式と絶対値

どんな複素数 z に対しても、

$$z = r(\cos\theta + i\sin\theta) \quad \cdots\cdots \heartsuit$$

を満たす実数 $r \geqq 0$ と実数 θ が存在します。

この♡を**極形式**といいます。

実数 r は複素数 z の絶対値に等しくなります。すなわち、

$$r = |z|$$

です。したがって、複素数 z に対して r は一意に定まります。

極形式と偏角

一つの複素数 z に対して、♡を満たす実数 θ は無数に存在します。なぜなら、♡を満たす実数 θ の一つを θ_0 とすると、

$$\theta_n = \theta_0 + 2n\pi \quad (n \text{ は整数})$$

という実数 θ_n も、すべて♡を満たすからです。このときの整数 n は、θ_0 からスタートして、反時計回りに n 回転した角度を表しています。

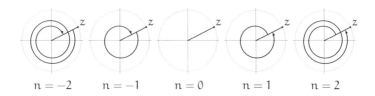

$n = -2$ $n = -1$ $n = 0$ $n = 1$ $n = 2$

　無数の実数 θ_n を同一視したものを**偏角**と定義するとき、偏角は 2π の整数倍という不定性を持つことになります。

　複素数に対して偏角を一意に定めたいときには、θ の範囲を $0 \leqq \theta < 2\pi$ あるいは $-\pi < \theta \leqq \pi$ のように定めます。

　ただし、$z = 0$ の場合、どんな実数 θ も♡を満たしてしまいます。ですから、複素数 0 に対する偏角は定義しません。

偏角の不定性を考慮する

　第3章で《積の偏角は、偏角の和》という表現と、

$$\arg(z_1 z_2) = \arg(z_1) + \arg(z_2)$$

という等式が登場しました（p. 119）。

　偏角が 2π の整数倍という不定性を持つことを考慮するなら、この等式は「どんな複素数 z_1 と z_2 に対しても、

$$\arg(z_1 z_2) = \arg(z_1) + \arg(z_2) + 2n\pi$$

を満たす整数 n が存在する」のように表現した方が適切です。

　あるいは「どんな複素数 z_1 と z_2 に対しても、

$$\arg(z_1 z_2) - (\arg(z_1) + \arg(z_2))$$

は 2π の整数倍になる」と表現しても同じです。

　さらには合同式を用いて、

$$\arg\left(z_1 z_2\right) \equiv \arg\left(z_1\right) + \arg\left(z_2\right) \quad \left(\mathrm{mod}\ 2\pi\right)$$

と表現することもできます。

第3章の問題

●**問題 3-1**（複素数の積）

与えられた二数の積を計算し、得られた複素数の実部と虚部を答えてください。

㋐ $1 + 2i$ と i

㋑ $-\sqrt{2}i$ と $\sqrt{2} - i$

㋒ $1 + 2i$ と $3 - 4i$

㋓ $\frac{1}{2}(1 + \sqrt{3}i)$ と $\frac{1}{2}(1 - \sqrt{3}i)$

㋔ $a + bi$ と $c + di$ （a, b, c, d は実数とします）

（解答は p. 284）

●**問題 3-2**（共役複素数の性質）

①〜⑥のうち、正しいものをすべて挙げてください。

- $\bar{z}$ は複素数 z の共役複素数を表します。
- $|z|$ は複素数 z の絶対値を表します。

① $\overline{a + bi} = a - bi$　（a, b は実数）

② $\overline{a - bi} = a + bi$　（a, b は実数）

③ $\overline{-z} = -\bar{z}$

④ $|\bar{z}| = |z|$

⑤ $\overline{|z|} = |z|$

⑥ $z\bar{z} \geqq 0$

（解答は p. 287）

●**問題 3-3**（極形式）

⑦〜㋖の複素数を複素平面の点として描いてください。

⑦ 絶対値が 1 で、偏角が 180° の複素数
① 絶対値が 2 で、偏角が 270° の複素数
⑤ 絶対値が $\sqrt{2}$ で、偏角が 45° の複素数
㋔ 絶対値が 1 で、偏角が 30° の複素数
㋕ 絶対値が 2 で、偏角が 30° の複素数
㋖ 絶対値が 2 で、偏角が −30° の複素数
㋗ 絶対値が 1 で、偏角が 120° の複素数

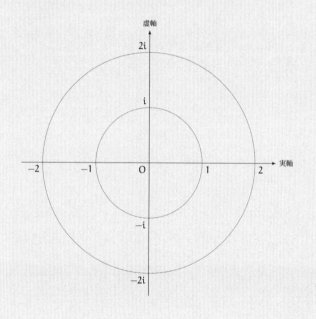

（解答は p. 289）

●問題 3-4（二次方程式の解）

a, b, c は実数で $a \neq 0$ とします。また $b^2 - 4ac < 0$ とします。このとき x に関する二次方程式、

$$ax^2 + bx + c = 0$$

の二つの解は、互いに複素共役であることを示してください。二次方程式の解の公式を使ってもかまいません。

（解答は p. 291）

●問題 3-5（極形式で表す）

0 以外の複素数を極形式で表しましょう。すなわち、実数 a, b, θ と正の実数 r に対して、

$$a + bi = r(\cos\theta + i\sin\theta)$$

が成り立っているとき、r と $\cos\theta$ と $\sin\theta$ をそれぞれ a と b を使って表してください。

（解答は p. 293）

第4章

組み立てペンタゴン

"知っていても、作れるとは限らない。だから、作ってみよう。"

4.1　図書室にて

　僕は高校の図書室で本を読んでいた。

　ふと顔を上げると、テトラちゃんが入ってくるのが見えた。

　彼女は、手に何か白いものを持っている。

テトラ「……」

僕「テトラちゃん、それは村木先生の《カード》？」

テトラ「あ、先輩！　はい、そうです。村木先生からいただいたん
　　　ですが、これ、何も書かれていないんですよ」

　テトラちゃんは僕に《カード》を渡す。それは確かに何も書か
れていなくて——こんな形をしていた。

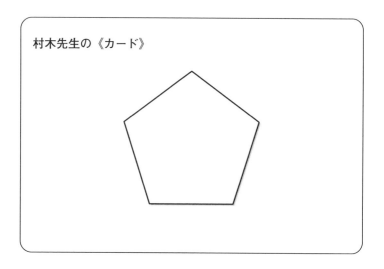

村木先生の《カード》

僕「正五角形だ」

テトラ「正五角形ですよね……」

　裏返しても真っ白。僕は《カード》を彼女に返す。

僕「何も書かれてない」

テトラ「何も書かれてないですよね……」

　テトラちゃんは両手で《カード》を高く掲げ、透かして見る。

僕「今日は正五角形の天使になるのかな？」

テトラ「え？」

僕「いやいや、こっちの話*」

　＊　『数学ガールの秘密ノート／積分を見つめて』参照。

テトラ「数学の問題が隠されているわけでもないみたいです」

僕「村木先生が僕たちにくれる《カード》は、問題になってない
 こともあるからね。正五角形について何かおもしろいことを
考えてごらん、という謎掛けかもね」

テトラ「この正五角形の《カード》は、あたしが複素平面につい
て先生に話したときに渡されたんです……」

4.2 正五角形を複素平面上に描く

僕「なるほど。じゃあ、正五角形を複素平面上に描いてみようか」

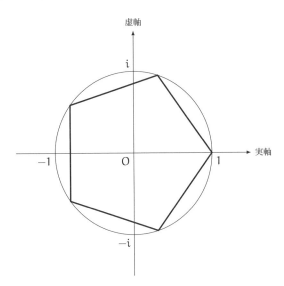

複素平面上の正五角形

テトラ「ことん、と傾けて描く……」

　テトラちゃんは正五角形に合わせて顔を傾けた。

僕「複素平面上に単位円を描き、それに内接する正五角形を描く。ただし、頂点の一つが 1 に来るように回転したんだよ」

テトラ「そうですね」

僕「内接しているから、正五角形の 5 個の頂点はすべて単位円の円周上にある。偏角 θ を一つ決めれば、頂点が一つ決まる。座標は $(\cos\theta, \sin\theta)$ で、複素数として書くなら $\cos\theta + i\sin\theta$ だね」

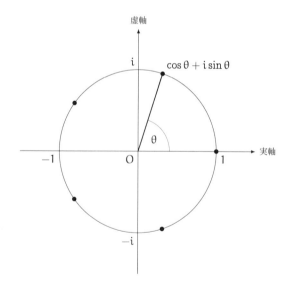

テトラ「はい、$360°$ を 5 で割って、$\theta = 72°$ になります」

$$\theta = \frac{360°}{5} = 72°$$

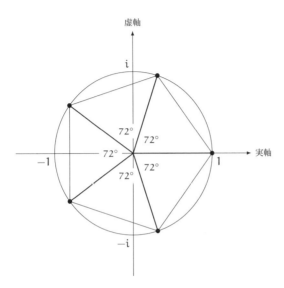

僕「うん、じゃあ、**ラジアン**だと？」

テトラ「360° は 2π ラジアンですから、2π を 5 で割って $2\pi/5$ ラジアンになります」

$$\theta = \frac{2\pi}{5}$$

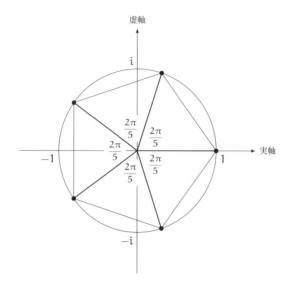

僕「そうだね。5 個の頂点に名前を付けようか。1 から反時計回りに $\alpha_0, \alpha_1, \alpha_2, \alpha_3, \alpha_4$ と順番に名付ける。そして、偏角をそれぞれ $\theta_0, \theta_1, \theta_2, \theta_3, \theta_4$ とする」

テトラ「名前を付ける……」

僕「α_0 の偏角は 0 で、次の頂点に行くたびに $2\pi/5$ ずつ増えていくから、こんなふうに表せるね」

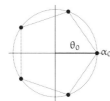 $\theta_0 = 2\pi \cdot \dfrac{0}{5}, \quad \alpha_0 = \cos\theta_0 + i\sin\theta_0$

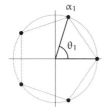 $\theta_1 = 2\pi \cdot \dfrac{1}{5}, \quad \alpha_1 = \cos\theta_1 + i\sin\theta_1$

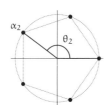 $\theta_2 = 2\pi \cdot \dfrac{2}{5}, \quad \alpha_2 = \cos\theta_2 + i\sin\theta_2$

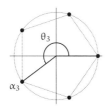 $\theta_3 = 2\pi \cdot \dfrac{3}{5}, \quad \alpha_3 = \cos\theta_3 + i\sin\theta_3$

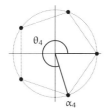 $\theta_4 = 2\pi \cdot \dfrac{4}{5}, \quad \alpha_4 = \cos\theta_4 + i\sin\theta_4$

テトラ「なるほどです。番号を 0 から始めるとうまく揃いますね」

僕「そうだね。頂点 α_k の偏角は、

$$\theta_k = 2\pi \cdot \frac{k}{5} \qquad (k = 0, 1, 2, 3, 4)$$

とまとめて書ける。θ_k の添字 k が、右辺の分子にちょうど出てくる。正五角形の頂点は 5 個あるけど、一つの式で 5 個の偏角をまとめて表せるね」

テトラ「ということは、正五角形の頂点の複素数も、

$$\cos\theta_k + i\sin\theta_k \qquad (k = 0, 1, 2, 3, 4)$$

とまとめて書けます」

僕「うん、これで、複素平面に正五角形が描ける」

テトラ「先輩、お待ちください……気になることがあります」

僕「気になることって？」

4.3 テトラちゃんの疑問

テトラ「あのですね、$\cos\theta_k + i\sin\theta_k$ には、cos と sin が残ってますよね。これはもっと単純になりませんか」

僕「十分単純だと思うけどなあ……」

テトラ「あたしの目には、ちょっと複雑すぎて……」

僕「それに、三角関数で表した方が汎用性があるよ。だって、同

　じ考え方で正 n 角形の頂点もわかるし」

テトラ「正方形は一辺の長さが 1 のとき、対角線の長さは $\sqrt{2}$ で
　すし、正三角形は対角線はありませんが、一辺の長さが 1 の
　とき、高さは $\sqrt{3}/2$ です。正五角形も、三角関数を使わず $\sqrt{2}$
　や $\sqrt{3}$ だけで書けたらいいなと思ったんです……」

僕「そうか、テトラちゃんは正五角形の頂点を $\sqrt{2}$ や $\sqrt{3}$ のよう
　な数で表したい？」

テトラ「はいっ、そうですね！」

僕「ということは、テトラちゃんは、

$$z^5 = 1$$

　という z に関する五次方程式を解いて、その解を平方根で表
　したい——といってるわけだね」

テトラ「ご、五次方程式を解くんですか？」

僕「うん、そうだよ。テトラちゃんが求めたい複素数は正五角形
　の頂点だけど、たとえば α_1 は 5 乗して 1 になる複素数の一
　つだよね」

テトラ「そうなるんでしょうか……」

僕「うん。それはド・モアブルの定理*で 5 乗の場合を考えても
　わかるよ」

---

* 研究問題 4-X5 参照（p.322）。

$$(\cos\theta_k + i\sin\theta_k)^5 = \cos 5\theta_k + i\sin 5\theta_k$$
$$= \cos 2k\pi + i\sin 2k\pi$$
$$= 1 + i \times 0$$
$$= 1$$

テトラ「え、ええっと……」

僕「$\alpha_1^5 = 1$ は、単純な計算でも確かめられるよ。まず、α_1 の絶対値は 1 で偏角は $2\pi/5$ だよね」

テトラ「はい。$|\alpha_1| = 1$ で $\arg(\alpha_1) = 2\pi/5$ です」

僕「α_1^5 の絶対値を考えよう。《積の絶対値は、絶対値の積》だから、α_1^5 の絶対値は、α_1 の絶対値の 5 乗になる」

$$|\alpha_1^5| = \underbrace{|\alpha_1 \times \alpha_1 \times \alpha_1 \times \alpha_1 \times \alpha_1|}_{5\,個}$$
$$= \underbrace{|\alpha_1| \times |\alpha_1| \times |\alpha_1| \times |\alpha_1| \times |\alpha_1|}_{5\,個}$$
$$= |\alpha_1|^5$$
$$= 1^5$$
$$= 1$$

テトラ「《積の絶対値は、絶対値の積》はそうやって使うんですね」

僕「そして α_1^5 の偏角。《積の偏角は、偏角の和》だから、α_1^5 の偏角は、α_1 の偏角の 5 倍になる」

$$\arg\left(\alpha_1^5\right) = \arg\left(\underbrace{\alpha_1 \times \alpha_1 \times \alpha_1 \times \alpha_1 \times \alpha_1}_{5 \text{ 個}}\right)$$

$$= \underbrace{\arg\left(\alpha_1\right) + \arg\left(\alpha_1\right) + \arg\left(\alpha_1\right) + \arg\left(\alpha_1\right) + \arg\left(\alpha_1\right)}_{5 \text{ 個}}$$

$$= 5 \times \arg\left(\alpha_1\right)$$

$$= 5 \times \frac{2\pi}{5}$$

$$= 2\pi$$

テトラ「偏角 5 個の和だから、5 倍の偏角……なるほどです」

僕「つまり、複素数 α_1^5 の絶対値は 1 で偏角は 2π になる。偏角 が 2π なのは、ぐるっと回って偏角が 0 なのと同じ。だから、

$$\alpha_1^5 = 1$$

といえる。同じように、$\alpha_0, \alpha_1, \alpha_2, \alpha_3, \alpha_4$ のどれも、5 乗す ると 1 に等しい。要するに $z^5 = 1$ の解になっている。この正 五角形の頂点は 1 の 5 乗根ということだね。だから、$z^5 = 1$ という五次方程式を解くことになるんだ」

テトラ「5 乗して 1 になる複素数を求めるため $z^5 = 1$ を解く？」

僕「そうそう。だから、テトラちゃんはさっき、

$$z^5 = 1$$

という五次方程式を解き、その解を三角関数じゃなくて $\sqrt{}$ を使って表せ——という問題を提示したことになるんだ」

4.4　五次方程式を解こう

テトラちゃんが提示した問題（1 の 5 乗根を $\sqrt{}$ で表す）

z に関する五次方程式、

$$z^5 = 1$$

の 5 個の解は、

$$\alpha_k = \cos\theta_k + i\sin\theta_k$$

と書けます（$k = 0, 1, 2, 3, 4$ で $\theta_k = 2\pi \cdot \frac{k}{5}$）。

三角関数を使わずに $\sqrt{}$ を使ってこの解を表してください。

テトラ「そういうことになるんですね……ああ、でも、α_0 はすぐに表せます。$\alpha_0 = 1$ ですから」

僕「そうだね。$z^5 = 1$ は五次方程式なので全部で 5 個の解がある。そのうち $z = \alpha_0$ つまり $z = 1$ は解の一つだね。だから残りの 4 個の解は、

$$z^4 + z^3 + z^2 + z + 1 = 0$$

を解いて得ることになる」

テトラ「はい?!　そ、その方程式はどこから来たんでしょう」

僕「$z^5 = 1$ という方程式は、$z^5 - 1 = 0$ だよね。そして、$z = 1$

が一つの解なんだから、$z^5 - 1$ という多項式は $z - 1$ という
因数を持つはず。だから、因数分解できる」

$$z^5 = 1 \quad \text{5 乗すると 1 に等しい数を求めたい}$$

$$z^5 - 1 = 0 \quad \text{1 を左辺に移項した}$$

$$(z - 1)(z^4 + z^3 + z^2 + z + 1) = 0 \quad \text{左辺を因数分解した}$$

テトラ「展開して確認します！……

$$
\begin{aligned}
(z - 1)(z^4 + z^3 + z^2 + z + 1) &= z(z^4 + z^3 + z^2 + z + 1) \\
&\quad - (z^4 + z^3 + z^2 + z + 1) \\
&- z^5 + z^4 + z^3 + z^2 + z \\
&\quad - z^4 - z^3 - z^2 - z - 1 \\
&= z^5 + \cancel{z^4} + \cancel{z^3} + \cancel{z^2} + \cancel{z} \\
&\quad - \cancel{z^4} - \cancel{z^3} - \cancel{z^2} - \cancel{z} - 1 \\
&= z^5 - 1
\end{aligned}
$$

……ああ、最初の z^5 と最後の -1 を残して消える！」

僕「その通り。だから、あとは $z^4 + z^3 + z^2 + z + 1 = 0$ という
四次方程式を解けばいい」

テトラ「でも、あたし……四次方程式の公式は覚えていません」

4.5 四次方程式を解こう

僕「四次方程式の解の公式は僕も知らないよ。あることは知って
いるけれど、複雑過ぎて覚えられないし。三次以上の高次方
程式は何とかして因数分解することになる。さっきは $z = 1$
という解があったから、$z - 1$ で因数分解できた」

テトラ「はい……」

僕「だから僕たちは、$z^4 + z^3 + z^2 + z + 1 = 0$ の左辺も何とか
して因数分解することになる。さて——」

テトラ「この四次方程式の解は $\alpha_1, \alpha_2, \alpha_3, \alpha_4$ ですよね。正五角
形の頂点で 1 以外の点」

僕「そうだね」

テトラ「あの……あたし、気付いたことがあるんですが、言って
もいいでしょうか？」

僕「もちろん！」

4.6 テトラちゃんの気付き

テトラ「複素平面に正五角形を傾けて描くと《水面に映る星の影》
が見えます。《星と影》の組が二つありますよね？」

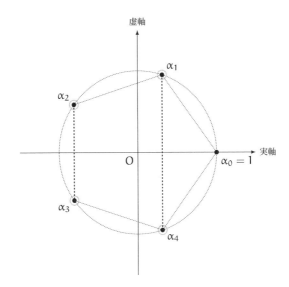

僕「複素平面で考えたんだね！ $z^4 + z^3 + z^2 + z + 1 = 0$ の4個
　の解は、複素共役な複素数の組が二つになっている！」

テトラ「はい！ でも So what? と言われると困るんですが……」

僕「まあ、そうだけど……でもこれで少なくとも、

$$\overline{\alpha_1} = \alpha_4, \quad \overline{\alpha_2} = \alpha_3$$

という関係があることはわかった。α_1 の共役複素数は α_4
で、α_2 の共役複素数は α_3 だから。うん、z だけじゃなくて
$\overline{z}$ も合わせて考えるのはいいかもしれないな。さて、四次方
程式 $z^4 + z^3 + z^2 + z + 1 = 0$ をどうするか——」

テトラ「次数を下げる……あっ！」

　テトラちゃんは、急に自分のノートをめくりはじめた。

テトラ「先輩先輩先輩?! $\bar{z}$ を両辺に掛けるとどうなりますか？ だって絶対値が 1 のとき、共役複素数は逆数になるんですよね？」

僕「確かに！ $z\bar{z} = 1$ だからね。$\bar{z}$ を両辺に掛けてみよう！」

$$z^4 + z^3 + z^2 + z + 1 = 0$$
$$(z^4 + z^3 + z^2 + z + 1)\bar{z} = 0 \qquad 両辺に \bar{z} を掛ける$$
$$z^4\bar{z} + z^3\bar{z} + z^2\bar{z} + z\bar{z} + \bar{z} = 0 \qquad 展開した$$
$$z^3(z\bar{z}) + z^2(z\bar{z}) + z(z\bar{z}) + z\bar{z} + \bar{z} = 0 \qquad z\bar{z} を作った$$
$$z^3 + z^2 + z + 1 + \bar{z} = 0 \qquad z\bar{z} = 1 だから$$

テトラ「ほらっ！ 三次方程式になりましたっ！」

4.7 三次方程式を解こう

僕「いやいや、次数は下がったけど、$\bar{z}$ が残っているから三次方程式になったわけじゃないね」

$$z^3 + z^2 + z + 1 + \bar{z} = 0$$

テトラ「あ……でも、この方程式を解けば $\alpha_1, \alpha_2, \alpha_3, \alpha_4$ は求められますよね？」

僕「わかったぞ……もう一回、$\bar{z}$ を掛けてみよう！」

$$z^3 + z^2 + z + 1 + \bar{z} = 0 \qquad \text{上の式から}$$

$$z^3\bar{z} + z^2\bar{z} + z\bar{z} + \bar{z} + \bar{z}\bar{z} = 0 \qquad \text{両辺に } \bar{z} \text{ を掛けた}$$

$$z^2 + z + 1 + \bar{z} + \bar{z}^2 = 0 \qquad z\bar{z} = 1 \text{ を使った}$$

テトラ「これで……解けるんでしょうか？」

僕「うん、僕は見抜いたよ。この式の左辺は z と $\bar{z}$ の対称式になってるから！」

$$z^2 + z + 1 + \bar{z} + \bar{z}^2 = 0$$

テトラ「確かに左右対称っぽいですが……」

僕「z と $\bar{z}$ の対称式というのは、z と $\bar{z}$ を入れ換えても変わらない式のことだよ。左辺の式、

$$z^2 + z + 1 + \bar{z} + \bar{z}^2$$

に入っている z と $\bar{z}$ を交換すると、

$$\bar{z}^2 + \bar{z} + 1 + z + z^2$$

になるけど、値は変わらないよね。つまり、

$$z^2 + z + 1 + \bar{z} + \bar{z}^2 = \bar{z}^2 + \bar{z} + 1 + z + z^2$$

という等式は z に関する恒等式になる」

テトラ「ええと……」

僕「対称式は重要。だって、《対称式は基本対称式で表せる》という性質があるから。ここでの基本対称式というのは、$z + \bar{z}$ と $z\bar{z}$ のこと。つまり、$z^2 + z + 1 + \bar{z} + \bar{z}^2$ は、z と $\bar{z}$ の和と積で表せるんだよ。しかもここでは積が 1 だから、和 $z + \bar{z}$

だけで表せて——」

テトラ「あ、あの……ちょっとスピードが早いです」

僕「あっと、そうか。ごめん。具体的に書いた方がいいよね」

$$z^2 + z + 1 + \bar{z} + \bar{z}^2 = 0 \qquad \text{上の式から}$$

$$z^2 + \bar{z}^2 + z + \bar{z} + 1 = 0 \qquad \text{項の順序を交換した}$$

$$(z^2 + \bar{z}^2) + (z + \bar{z}) + 1 = 0 \qquad \text{まとめた}(\heartsuit)$$

テトラ「んん……？」

僕「ここで $z^2 + \bar{z}^2$ の部分は、$z + \bar{z}$ を使って表せるんだ。それは、$z + \bar{z}$ の2乗を展開してみればわかる。やってみるよ……」

$$(z + \bar{z})^2 = z^2 + 2z\bar{z} + \bar{z}^2 \qquad \text{展開した}$$

$$= z^2 + 2 + \bar{z}^2 \qquad z\bar{z} = 1 \text{ だから}$$

$$= z^2 + \bar{z}^2 + 2 \qquad \text{項の順序を交換した}$$

……ね。だから、

$$(z + \bar{z})^2 = z^2 + \bar{z}^2 + 2$$

が成り立つ。つまり、

$$z^2 + \bar{z}^2 = (z + \bar{z})^2 - 2 \qquad (\clubsuit)$$

がいえた。これでさっきの $\heartsuit$ を $z + \bar{z}$ で表せる！」

$$(z^2 + \bar{z}^2) + (z + \bar{z}) + 1 = 0 \qquad \heartsuit \text{ から}$$

$$(z + \bar{z})^2 - 2 + (z + \bar{z}) + 1 = 0 \qquad \clubsuit \text{ を使った}$$

$$(z + \bar{z})^2 + (z + \bar{z}) - 1 = 0 \qquad -2 + 1 = -1 \text{ を計算した}$$

テトラ「これって——もしかして、二次方程式でしょうか?」

僕「そうだね。$y = z + \bar{z}$ と置けば y の二次方程式になる!」

$$(z + \bar{z})^2 + (z + \bar{z}) - 1 = 0 \qquad \text{上の式から}$$

$$y^2 + y - 1 = 0 \qquad y = z + \bar{z} \text{ と置いた}$$

テトラ「二次方程式なら解けます。解きましょう!」

4.8 二次方程式を解こう

僕「$y^2 + y - 1 = 0$ は二次方程式の解の公式ですぐに解けるね」

テトラ「はい。解きますと……こうなりました。

$$y = \frac{-1 \pm \sqrt{5}}{2}$$

つまり、解は、

$$\frac{-1 + \sqrt{5}}{2} \qquad \text{と} \qquad \frac{-1 - \sqrt{5}}{2}$$

の二つです。先輩っ、$\sqrt{5}$ が出てきましたっ!……あれ、あれれ? これじゃ 2 個しか解がありません。正五角形の頂点で 1 以外の複素数 4 個が知りたいのに?」

僕「僕たちがいま求めたのは y の値、つまり $z + \bar{z}$ の値だからだよ。正五角形の頂点は z なんだ。だから、まだ先に進まなくちゃいけない」

テトラ「でも、y の値はどちらも実数です……あたし、どこかで i を忘れたんでしょうか」

僕「いやいや、$z + \bar{z}$ は複素数とその共役複素数の和なんだから、実数になるのが当然。z と $\bar{z}$ で虚部が相殺されて 0 になるから。あわてなくても大丈夫。i を忘れたわけじゃない」

テトラ「安心しました……ええと、y の値がわかったので、

$$z + \bar{z} = \frac{-1 \pm \sqrt{5}}{2}$$

がいえるんですよね？」

僕「……」

テトラ「ち、違いました？」

4.9　二つの値が意味するもの

僕「……いや大丈夫。テトラちゃんの理解は正しいよ。僕が考えていたのは、この二つの値、

$$\frac{-1 + \sqrt{5}}{2} \quad \text{と} \quad \frac{-1 - \sqrt{5}}{2}$$

は、正五角形の頂点とどんな関係にあるのかということ」

テトラ「はあ……」

僕は考える。

複素数は、複素平面と見比べて——

僕「うん、わかった。こういう等式が成り立つ」

$$\alpha_1 + \alpha_4 = \frac{-1 + \sqrt{5}}{2} \quad と \quad \alpha_2 + \alpha_3 = \frac{-1 - \sqrt{5}}{2}$$

テトラ「……」

僕「ああ、すっきりした。わかれば当たり前だよ。四次方程式の次数を下げるために、$z + \bar{z}$ を y として y の二次方程式にした。つまり複素共役な二数の和を y としたんだ」

テトラ「《水面に映る星の影》……」

僕「そうだね。正五角形には《星と影》の組が y の値と同様に二つある。いま求めた二つの y の値は、二つの《星》と《影》の和に対応しているんだ。$\alpha_1 + \alpha_4$ と $\alpha_2 + \alpha_3$ に！」

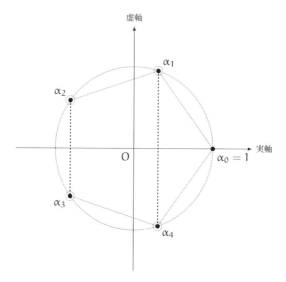

複素共役な 2 組の複素数

テトラ「ちょ、ちょっとお待ちください。あたし、何をやっているのか、わからなくなりました。少し戻って整理しますっ！」

- あたしたちは、複素平面上に正五角形を描きたいです。
- 単位円に内接する正五角形で、一つの頂点を 1 に合わせます。
- 三角関数を使えば、頂点の複素数はすべて表せます。
- でも、あえて $\sqrt{}$ で表せないかとテトラは思いました。
- 正五角形の頂点は五次方程式 $z^5 = 1$ の解になります。
- ええと、ええと、それから……

僕「$z - 1$ で因数分解、だね」

テトラ「そうでした、そうでした」

- $z^5 = 1$ は、$z^5 - 1 = 0$ と書けます。
- 頂点の一つが 1 なので、$z = 1$ は解の一つです。
- ですから、$z - 1$ を使って $z^5 - 1$ を因数分解できます。
- $(z-1)(z^4 + z^3 + z^2 + z + 1) = 0$ となりました。
- 頂点の一つは 1 で、残りの頂点は 4 個あります。
- その頂点は四次方程式 $z^4 + z^3 + z^2 + z + 1 = 0$ の解です。
- そして、ええと……

僕「z と複素共役な $\bar{z}$ との積 $z\bar{z} = 1$ を使って、四次方程式——」

テトラ「はい、四次方程式 $z^4 + z^3 + z^2 + z + 1 = 0$ を変形します」

- $(z + \bar{z})^2 + (z + \bar{z}) - 1 = 0$ と変形できました。
- ここで、$y = z + \bar{z}$ と置きました。
- すると、二次方程式 $y^2 + y - 1 = 0$ ができました。
- そこで——

僕「うんうん」

テトラ「そこで、二次方程式 $y^2 + y - 1 = 0$ を解いて、

$$\frac{-1 + \sqrt{5}}{2} \quad と \quad \frac{-1 - \sqrt{5}}{2}$$

が得られました。したがって、

$$\alpha_1 + \alpha_4 = \frac{-1 + \sqrt{5}}{2} \quad と \quad \alpha_2 + \alpha_3 = \frac{-1 - \sqrt{5}}{2}$$

といえます。あれ……でも、可能性は二つあるんじゃないですか。$\alpha_1 + \alpha_4$ と $\alpha_2 + \alpha_3$ はどちらがどちら？ 反対かも？」

僕「いや、反対じゃないよ。二つの解のうち片方の解は、

$$\frac{-1-\sqrt{5}}{2} < 0$$

だとわかるよね。分子が負だから」

テトラ「ああ、そうですね。$-1-\sqrt{5} < 0$ ですから」

僕「そして、もう一つの解は正になる。つまり、

$$\frac{-1+\sqrt{5}}{2} > 0$$

になる。これはわかる？」

テトラ「はい、$\sqrt{5}$ は《富士山麓オーム鳴く》で $2.2360679\cdots$ ですから 1 より大きいです。なので、$(-1+\sqrt{5})/2 > 0$ ということですね」

僕「だから y の二つの値は正と負になる。そして $\alpha_1 + \alpha_4$ は正で、$\alpha_2 + \alpha_3$ は負だから、対応は明らかだよね」

テトラ「$\alpha_1 + \alpha_4$ は正って、すぐにわかるんですか……あっ、わかりますね。だって、α_1 と α_4 はどちらも虚軸よりも右にありますから、実部が正で $\alpha_1 + \alpha_4$ も正です」

僕「そうだね」

テトラ「そして α_2 と α_3 はどちらも虚軸よりも左にありますから、実部が負で $\alpha_2 + \alpha_3$ も負になる——確かに、これで決定です！」

$$\alpha_1 + \alpha_4 = \frac{-1+\sqrt{5}}{2} \quad \text{と} \quad \alpha_2 + \alpha_3 = \frac{-1-\sqrt{5}}{2}$$

僕「いまの $\alpha_1 + \alpha_4$ と $\alpha_2 + \alpha_3$ は両方とも**ベクトル**の和として

考えることもできるね」

テトラ「複素数なのに、ベクトルが出てくる？」

僕「うん、こんなふうに平行四辺形を描くんだ」

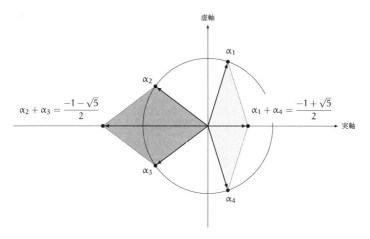

ベクトルの和として $\alpha_1 + \alpha_4$ と $\alpha_2 + \alpha_3$ を考える

テトラ「おもしろいですっ！ 図形を考えていたら、方程式の話に
なって、方程式を考えていたら、複素数の話になって、複素
数を考えていたら、ルートの計算で数の大小の話になって、
大小を考えていたらベクトルが出てきて、平行四辺形という
図形の話になって……」

僕「え、でも、そういうのはよくあることじゃない？ だって、数
学を考えるときには、数の計算、式の変形、グラフ描き……
何でもするものだから」

テトラ「ですよね。**どんな武器でも使っていい**んですよねっ！」

僕「その通り！　いろんなものを使えば使うほど、それだけ世界が
《つながる》ことになる」

テトラ「ばらばらに見えた世界がつながって、大きく広がるっ！」

　テトラちゃんはそう言って、両手を大きく広げた。

僕「さあ、ここまでで、

$$\alpha_1 + \alpha_4 = \frac{-1 + \sqrt{5}}{2}$$

がわかった。$\overline{\alpha_1} = \alpha_4$ だから、$\alpha_1 + \alpha_4$ は、

$$\alpha_1 + \overline{\alpha_1} = \frac{-1 + \sqrt{5}}{2}$$

と書ける。テトラちゃんは、どうやって α_1 を求める？」

テトラ「あたし、これ、わかります！　もう、α_1 とはすっかり
《お友達》ですから。$|\alpha_1| = 1$ なので、

$$\alpha_1 \overline{\alpha_1} = 1$$

ですよね。つまり、$\overline{\alpha_1}$ は α_1 の逆数で、

$$\overline{\alpha_1} = \frac{1}{\alpha_1}$$

になります。これを使えばさっきの式、

$$\alpha_1 + \overline{\alpha_1} = \frac{-1 + \sqrt{5}}{2}$$

はこう書き直せます。

$$\alpha_1 + \frac{1}{\alpha_1} = \frac{-1 + \sqrt{5}}{2}$$

両辺に α_1 を掛ければ、α_1 が満たす式を作れますよね。こんな式になります。

$$\alpha_1^2 + 1 = \frac{-1 + \sqrt{5}}{2} \cdot \alpha_1$$

移項して整理すると、

$$\alpha_1^2 - \frac{-1 + \sqrt{5}}{2} \cdot \alpha_1 + 1 = 0$$

という形になって、α_1 はこの式を満たす複素数なので、x に関する二次方程式として、

$$x^2 - \frac{-1 + \sqrt{5}}{2} \cdot x + 1 = 0$$

を解けばよくて、これは、二次方程式の解の公式で解けます。いますぐ、解きますっ！」

僕「あああ、テトラちゃん。一気に計算するんじゃなくて、A のような文字を使って、

$$A = \frac{-1 + \sqrt{5}}{2}$$

と置こうよ。式がすっきり書けて見通しがよくなる」

$$x^2 - Ax + 1 = 0 \qquad \left(A = \frac{-1 + \sqrt{5}}{2} \right)$$

テトラ「なるほどです！　あたし、そういう《文字の導入》が苦手で、ややこしいまま、突っ走っちゃう傾向がありますね……」

僕「あとは、これを解けば α_1 が得られる」

テトラ「はい。二次方程式の解の公式で、

$$x = \frac{A \pm \sqrt{A^2 - 4}}{2}$$

になりました……あれ？ またプラスマイナス？」

僕「うん。片方が α_1 で、もう片方が $\alpha_4 = \overline{\alpha_1}$ になるわけだ」

テトラ「なるほど……あとは $A = (-1 + \sqrt{5})/2$ を代入して，α_1 と α_4 の値を求めるだけですね。いますぐ、計算しますっ！」

僕「あああ、テトラちゃん。一気に計算するんじゃなくて、まずは $\sqrt{}$ の中に出てくる $A^2 - 4$ から解きほぐそうよ」

テトラ「そうですね……」

$$\begin{aligned}
《\sqrt{}\text{の中身}》 &= A^2 - 4 \\
&= \left(\frac{-1 + \sqrt{5}}{2}\right)^2 - 4 \\
&= \frac{1}{4} \cdot \left((-1 + \sqrt{5})^2 - 16\right) \\
&= \frac{1}{4} \cdot \left(1 - 2\sqrt{5} + 5 - 16\right) \\
&= \frac{1}{4} \cdot \left(-10 - 2\sqrt{5}\right) \\
&= -\frac{1}{2} \cdot \left(5 + \sqrt{5}\right) \\
&= -\frac{5 + \sqrt{5}}{2}
\end{aligned}$$

僕「これが $A^2 - 4$ で、これをルートの中に入れる。負の数だか

　　ら虚数単位の i を使おう」

$$\sqrt{A^2 - 4} = \sqrt{-\frac{5 + \sqrt{5}}{2}}$$

$$= i\sqrt{\frac{5 + \sqrt{5}}{2}}$$

テトラ「はい。あとは一気に、方程式の解が書けますっ！」

$$\frac{A \pm \sqrt{A^2 - 4}}{2} = \frac{1}{2} \cdot \left(A \pm \sqrt{A^2 - 4} \right)$$

$$= \frac{1}{2} \cdot \left(A \pm i\sqrt{\frac{5 + \sqrt{5}}{2}} \right)$$

$$= \frac{1}{2} \cdot \left(\frac{-1 + \sqrt{5}}{2} \pm i\frac{\sqrt{5 + \sqrt{5}}}{\sqrt{2}} \right)$$

$$= \frac{1}{2} \cdot \left(\frac{-1 + \sqrt{5}}{2} \pm i\frac{\sqrt{10 + 2\sqrt{5}}}{2} \right)$$

$$= \frac{-1 + \sqrt{5} \pm i\sqrt{10 + 2\sqrt{5}}}{4}$$

僕「こう書いた方が便利かな」

$$\frac{A \pm \sqrt{A^2 - 4}}{2} = \frac{-1 + \sqrt{5}}{4} \pm i\frac{\sqrt{10 + 2\sqrt{5}}}{4}$$

テトラ「それは実部と虚部を分けたということですね？」

僕「そうそう。

$$\frac{A \pm \sqrt{A^2 - 4}}{2} = \underbrace{\frac{-1 + \sqrt{5}}{4}}_{\text{実部}} \pm i \underbrace{\frac{\sqrt{10 + 2\sqrt{5}}}{4}}_{\text{虚部}}$$

二つの複素数が得られた。どっちが α_1 でどっちが α_4 なのかはわかるよね？」

テトラ「わかりますっ！ 虚部が正の方が空に輝く α_1 で、虚部が負の方が水面に映る α_4 になります」

僕「これで、α_1 と α_4 が得られたね！ テトラちゃんご所望のとおり、三角関数を使わないで表せたことになる」

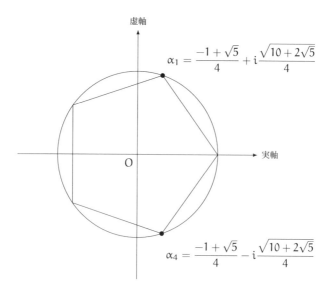

正五角形の頂点 α_1, α_4

テトラ「複雑ですけど、感動ですっ！」

僕「うん、これで 5 個ある頂点のうち、

$$\alpha_0, \alpha_1, \alpha_4$$

という 3 個がわかったことになる」

テトラ「残りの頂点は、

$$\alpha_2, \alpha_3$$

の 2 個。これも計算できそうです……ええと、ええと」

4.10 残る頂点は 2 個

テトラちゃんは、ノートに書いてきたここまでの計算をどんどんさかのぼっていった。

テトラ「わかりました。$z + \bar{z}$ の値が二通りあって、そのうちの片方を A として試したんでした (p. 171)。

$$x^2 - Ax + 1 = 0 \qquad \left(A = \frac{-1 + \sqrt{5}}{2} \right)$$

ということは、$z + \bar{z}$ のもう一つを、たとえば B と置けばいいですよね」

$$x^2 - Bx + 1 = 0 \qquad \left(B = \frac{-1 - \sqrt{5}}{2} \right)$$

僕「そうだね。これを解くと——」

テトラ「先輩！ あたしがやります！ 符号に注意してさっきの方法と同じことをすればいいんですから」

僕「うん。さっき $\pm$ のまま解けばよかったなあ」

テトラ「大丈夫です。まず方程式を解きます」

$$x = \frac{B \pm \sqrt{B^2 - 4}}{2}$$

テトラ「まず、ルートの中の $B^2 - 4$ から計算します……」

$$\begin{aligned}
B^2 - 4 &= \left(\frac{-1 - \sqrt{5}}{2}\right)^2 - 4 \\
&= \frac{1}{4} \cdot \left((-1 - \sqrt{5})^2 - 16\right) \\
&= \frac{1}{4} \cdot \left(1 + 2\sqrt{5} + 5 - 16\right) \\
&= \frac{1}{4} \cdot \left(-10 + 2\sqrt{5}\right) \\
&= -\frac{1}{2} \cdot \left(5 - \sqrt{5}\right) \\
&= -\frac{5 - \sqrt{5}}{2}
\end{aligned}$$

僕「なるほど。違いは、ほんとに符号だけになるね。ほら、見比べるとわかる」

$$\sqrt{A^2 - 4} = i\sqrt{\frac{5 + \sqrt{5}}{2}}$$

$$\sqrt{B^2 - 4} = i\sqrt{\frac{5 - \sqrt{5}}{2}}$$

テトラ「そうですね。これで、α_2 と α_3 が得られます。

$$\frac{B \pm \sqrt{B^2 - 4}}{2} = \frac{-1 - \sqrt{5}}{4} \pm i\frac{\sqrt{10 - 2\sqrt{5}}}{4}$$

あたしが提示した問題[*]が解けたんですね！」

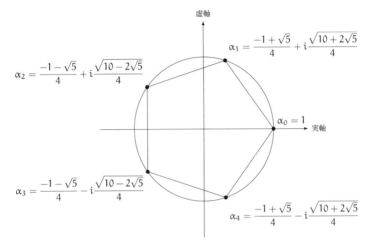

正五角形の頂点 $\alpha_0, \alpha_1, \alpha_2, \alpha_3, \alpha_4$

計算を終えたテトラちゃんは、ノートをしばらく見つめていた。

僕「……」

テトラ「……ふう。先輩、これはおもしろいですね。自分で計算すると、式をずっと眺めていたくなります。少しずつ異なるプラスとマイナスを見比べながら……」

僕「そうだよね……せっかく計算したんだものね！」

テトラ「はい。先輩、お聞きください。あのですね、ルートや符

---

[*] p. 156 参照。

号がごちゃごちゃしている！……と《あわあわ》しそうになりますが、心配ご無用」

テトラちゃんはそう言って手のひらを僕に向ける。
心配ご無用のポーズ。

テトラ「よく見ると、符号が規則的になっています。

- 左右の《星と影》のどちらを選ぶか。
- 上下の《星》と《影》のどちらを選ぶか。

それが、符号にうまく対応しているんですよっ！」

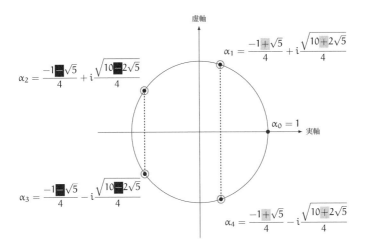

$$\alpha_1 = \frac{-1+\sqrt{5}}{4} + i\frac{\sqrt{10+2\sqrt{5}}}{4}$$

$$\alpha_2 = \frac{-1\ \sqrt{5}}{4} + i\frac{\sqrt{10\ 2\sqrt{5}}}{4}$$

$$\alpha_0 = 1$$

$$\alpha_3 = \frac{-1\ \sqrt{5}}{4} - i\frac{\sqrt{10\ 2\sqrt{5}}}{4}$$

$$\alpha_4 = \frac{-1+\sqrt{5}}{4} - i\frac{\sqrt{10+2\sqrt{5}}}{4}$$

左の《星と影》は ▬ で、右の《星と影》は ＋

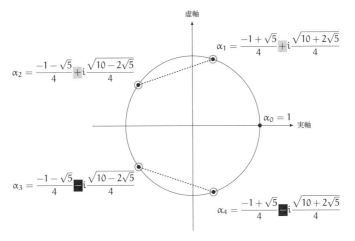

$$\alpha_1 = \frac{-1+\sqrt{5}}{4} + i\frac{\sqrt{10+2\sqrt{5}}}{4}$$

$$\alpha_2 = \frac{-1-\sqrt{5}}{4} + i\frac{\sqrt{10-2\sqrt{5}}}{4}$$

$$\alpha_0 = 1$$

$$\alpha_3 = \frac{-1-\sqrt{5}}{4}\ \ i\frac{\sqrt{10-2\sqrt{5}}}{4}$$

$$\alpha_4 = \frac{-1+\sqrt{5}}{4}\ \ i\frac{\sqrt{10+2\sqrt{5}}}{4}$$

上の《星》は ＋ で、下の《影》は ▬

僕「なるほどねえ……解の中にはプラスとマイナスが散らばって
　　出てくる。でもこの二つは必ず《何かの 2 乗》という形で式
　　のどこかに折り畳まれていたのかなあ……」

テトラ「あたしっ、正五角形と少し《お友達》になれたかも！」

　　　　　　"見えていても、作れるとは限らない。だから、作ってみよう。"

付録：定規とコンパスで正五角形を作図する

まず、正六角形を描いてみよう

正六角形は、定規とコンパスを使って描けます。

初めに、コンパスで円を描きます。次に、コンパスの開きはそのままで円周上に針を移し、下図のように円周を区切っていくと、円周上に6個の点を描けます。最後に、得られた6点を定規で結んでいくと、正六角形を描けます。

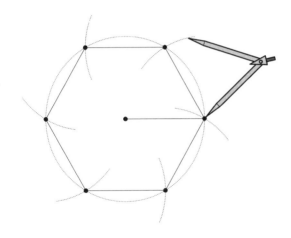

正六角形を描く

いまは「描ける」と表現しましたが、以降では「作図できる」と表現し、その意味を明確にしていきます。

作図問題の条件

「作図できる」ことの意味を明確にするため、定規とコンパスは
次の条件を守って用います。

直線の作図 定規を使って、二点を通る直線を作図できます。二
点を結ぶ線分も作図できます。定規に目盛りはなく、二点間
の長さを測ることはできません。

円の作図 コンパスを使って、ある点を中心とし特定の半径を持
つ円を作図できます。半径はすでに作図された二点によって
与えられます。

有限回の繰り返し 定規とコンパスは、有限回なら何回でも繰り
返し使えます。無限回使うことはできません。

与えられた点をもとにし、この条件を守り、定規とコンパスを
使って平面上に図形を作図する問題のことを**作図問題**といいます。

正六角形を作図する

　では改めて、正六角形を作図してみましょう。

　平面上に O と A の異なる二点が与えられると、中心 O で線分 OA を半径に持つ円を作図できます。また、その円に内接する正六角形を作図できます。その手順は次の通りです。

① コンパスで、点 O を中心とし、
　線分 OA を半径に持つ円 O を作図します。
② コンパスで、点 A を中心とし、
　線分 OA を半径に持つ円 A を作図します。円 A と円 O の交点二つの
　うち、一つを点 B とします。
③ コンパスで、点 B を中心とし、
　線分 OA を半径に持つ円 B を作図します。円 B と円 O の交点二つの
　うち、点 A 以外の点を C とします。
④ コンパスで、点 C を中心とし、
　線分 OA を半径に持つ円 C を作図します。円 C と円 O の交点二つの
　うち、点 B 以外の点を D とします。
⑤ コンパスで、点 D を中心とし、
　線分 OA を半径に持つ円 D を作図します。円 D と円 O の交点二つ
　のうち、点 C 以外の点を E とします。
⑥ コンパスで、点 E を中心とし、
　線分 OA を半径に持つ円 E を作図します。円 E と円 O の交点二つの
　うち、点 D 以外の点を F とします。
⑦ 定規で、A と B を結びます。
⑧ 定規で、B と C を結びます。
⑨ 定規で、C と D を結びます。
⑩ 定規で、D と E を結びます。
⑪ 定規で、E と F を結びます。
⑫ 定規で、F と A を結びます。

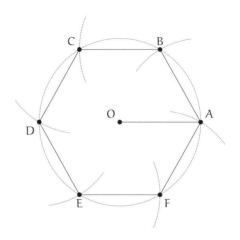

正六角形を作図する

　以上で、中心 O で線分 OA を半径に持つ円 O と、円 O に内接する正六角形が作図できました。与えられた円に内接する正六角形を作図できるのは、円に内接する正六角形の一辺の長さが半径に等しいからです。

数から数を作図する

　作図問題では特定の長さを持つ線分の作図が頻出しますので、

　　　　長さが a の線分をもとにして長さが b の線分を作図する

ことを、

　　　　a から b を作図する

と短く表現することにします。
　$a/2, a + b, a - b, \sqrt{a^2 + b^2}$ を作図してみましょう。

αからα/2を作図する

　次のようにして、αからα/2を作図できます。

　長さαの線分 AB が与えられたとき、点 A を中心として α を
半径に持つ円 A と、点 B を中心として α を半径に持つ円 B を作
図します。そして、円 A と円 B の交点を C,D とします。さら
に、線分 CD と線分 AB の交点を H とすると、線分 AH の長さ
は α/2 になります。またこのとき、線分 AB と線分 CD は垂直
ですから、二点 C,D を通る直線は線分 AB の**垂直二等分線**とな
り、**直角**も作図できることがわかります。

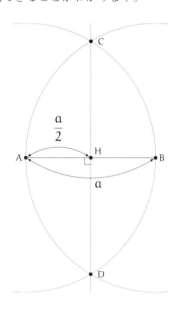

a と b から、$a+b$ と $a-b$ を作図する

a と b から、$a+b$ と $a-b$ を作図できます。

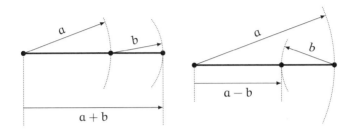

a と b から、$\sqrt{a^2+b^2}$ を作図する

a と b から、$\sqrt{a^2+b^2}$ を作図できます。これは三平方の定理（ピタゴラスの定理）によります。

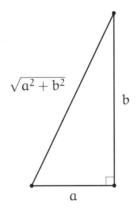

正五角形を作図する準備

　定規とコンパスを有限回使って、正五角形の一辺の長さを持つ
線分を作ることができれば、正五角形を作図できます。

　複素平面上に描いた単位円に内接し、頂点の一つが 1 にある正
五角形の頂点の座標は、第 4 章（p. 177）でテトラちゃんが計算
したように、四則演算と $\sqrt{}$ を使って表せます。

　正五角形の一辺の長さを L とし、まず L を求めましょう。

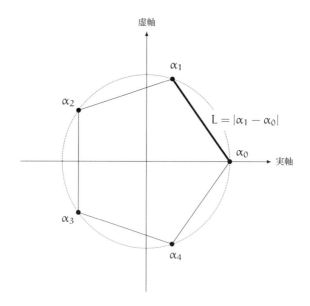

　上図のように α_0 と α_1 に注目し、

$$L = |\alpha_1 - \alpha_0|$$

であることから L を求めてもいいのですが、計算がややめんどう
になります。

そこで、下図のように互いに複素共役な α_2 と α_3 に注目します。

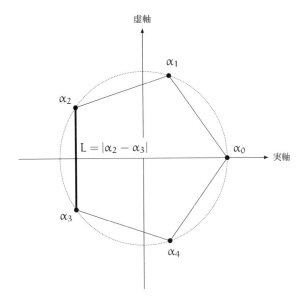

α_2 と α_3 は実軸を対称の軸として線対称の位置にあるので、

$$L = |\alpha_2 - \alpha_3|$$

の値は、α_2 の虚部を二倍したものだとわかります。テトラちゃんの計算結果（p. 177）から、

$$\alpha_2 = \frac{-1-\sqrt{5}}{4} + i \underbrace{\frac{\sqrt{10-2\sqrt{5}}}{4}}_{虚部}$$

です。したがって、

$$L = \frac{\sqrt{10-2\sqrt{5}}}{4} \times 2 = \frac{\sqrt{10-2\sqrt{5}}}{2}$$

が得られました。ここで、

$$L = \frac{\sqrt{10 - 2\sqrt{5}}}{2} = \sqrt{X^2 + Y^2}$$

となる数 X, Y が作図できれば、L は X と Y を二辺に持つ直角三角形の斜辺として作図できることになります。X, Y を見つけましょう。

二乗すると $2\sqrt{5}$ が出てくる式を見つけるため、$(\sqrt{5} - 1)^2$ を試しに展開します。

$$(\sqrt{5} - 1)^2 = 5 - 2\sqrt{5} + 1 = 6 - 2\sqrt{5}$$

これを使うと、

$$10 - 2\sqrt{5} = 4 + (6 - 2\sqrt{5})$$

$$10 - 2\sqrt{5} = 2^2 + (\sqrt{5} - 1)^2$$

となるので、両辺を 2^2 で割って、

$$\frac{10 - 2\sqrt{5}}{2^2} = \left(\frac{2}{2}\right)^2 + \left(\frac{\sqrt{5} - 1}{2}\right)^2$$

すなわち、

$$\frac{\sqrt{10 - 2\sqrt{5}}}{2} = \sqrt{1^2 + \left(\frac{\sqrt{5} - 1}{2}\right)^2}$$

がいえます。よって、$X = 1$ および $Y = (\sqrt{5} - 1)/2$ とすると、正五角形の一辺 L は、

$$L = \sqrt{X^2 + Y^2}$$

と表せることがわかりました。X = 1 は作図できます。さらに、

$$Y = \frac{\sqrt{5}-1}{2} = \sqrt{\frac{5}{4}} - \frac{1}{2} = \sqrt{1^2 + \left(\frac{1}{2}\right)^2} - \frac{1}{2}$$

に注意すると Y も作図できます。

　以上の考察から、1 が与えられたとき、次の作図手順例に従えば L を作図でき、単位円に内接する正五角形が作図できることになります。もちろんこれは、正五角形を描く唯一の手順ではありません。

正五角形の作図手順例

① 1から x 軸と y 軸を作図します。
② 1から 1/2 を作図します。
③ 1と 1/2 から $\sqrt{5}/2$ を作図します。
④ $\sqrt{5}/2$ と 1/2 から $(\sqrt{5}-1)/2$ を作図します。
⑤ $X = 1$ と $Y = (\sqrt{5}-1)/2$ から $L = \sqrt{X^2 + Y^2}$ を作図します。
⑥ L を使って正五角形の頂点を作図します。
⑦ 正五角形を作図します。

正五角形を作図する

① 1 から x 軸と y 軸を作図します

　長さが 1 の線分 OA が与えられているとします。

　二点 O, A を通る直線を作図して、x 軸とします。

　中心が O で半径が 1 の円を作図します。円 O と x 軸の交点のうち、点 A 以外の点を B とします。

　線分 AB の垂直二等分線を作図して、y 軸とします。円 O と y 軸の交点の一つを C とします。

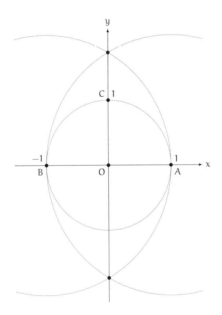

② 1 から 1/2 を作図します

線分 OC の垂直二等分線を作図して、y 軸との交点を D とします。

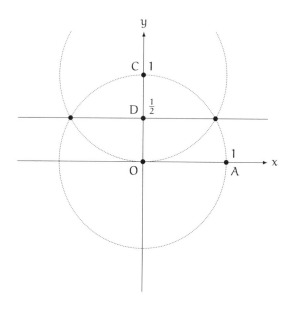

③ 1 と 1/2 から $\sqrt{5}/2$ を作図します

二点 D, A を結びます。線分 DA の長さは、

$$\sqrt{1^2 + \left(\frac{1}{2}\right)^2} = \frac{\sqrt{5}}{2}$$

になります。

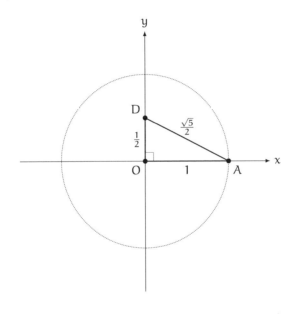

④ √5/2 と 1/2 から (√5 − 1)/2 を作図します

　点 D を中心とし、線分 DA を半径として円を描き、y 軸との
交点を E とします。このとき、線分 OE の長さは、

$$\frac{\sqrt{5}}{2} - \frac{1}{2} = \frac{\sqrt{5}-1}{2}$$

になります。

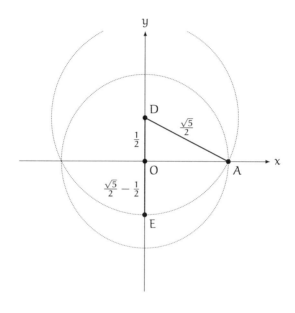

⑤ X = 1 と Y = (√5 − 1)/2 から L = $\sqrt{X^2 + Y^2}$ を作図します

二点 E, A を結びます。線分 EA の長さは、

$$\sqrt{1^2 + \left(\frac{\sqrt{5}-1}{2}\right)^2} = \frac{\sqrt{10-2\sqrt{5}}}{2}$$

になり、これが正五角形の一辺の長さ L となります。

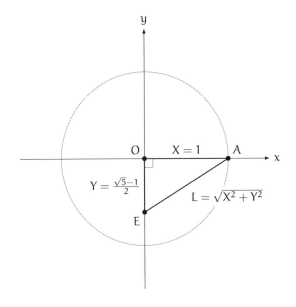

⑥ L を使って正五角形の頂点を作図します

点 A を中心とし、半径 L の円を作図して、円 O との交点を A_1 と A_4 とします。点 A_1 を中心とし、半径 L の円を作図して、円 O との交点のうち A 以外の点を A_2 とします。点 A_2 を中心とし、半径 L の円を作図して、円 O との交点のうち A_1 以外の点を A_3 とします。これで正五角形の頂点 A, A_1, A_2, A_3, A_4 が得られました。

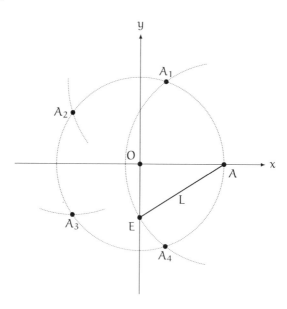

⑦ 正五角形を作図します

得られた頂点を結ぶと正五角形が作図できます。

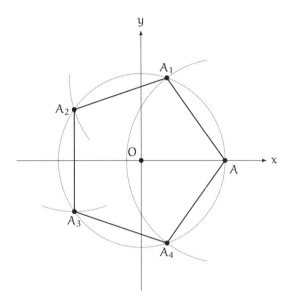

角の三等分問題

　この付録では定規とコンパスを用いて正六角形や正五角形などの作図を行いました。

　1 から始めて加減乗除と $\sqrt{}$ の計算だけを使って書ける数は作図できます。しかし、任意の図形が作図できるわけではありません。作図問題は、図形と数の性質を深く探求するために重要な意味を持ちます。

　たとえば、任意の角が与えられたとき、その角を二等分する直線は作図できます。しかし、三等分する直線は作図できるとは限りません（作図できる角もあるし、できない角もあります）。これは**角の三等分問題**と呼ばれる有名な問題です。詳しくは参考文献の [7]『角の三等分』ならびに [6]『数学ガール／ガロア理論』をお読みください。

第4章の問題

●**問題 4-1**（正 n 角形の頂点）
複素平面上、単位円に内接する正 n 角形の頂点の一つを 1 に
置きます。このとき、頂点にある複素数 n 個を求めてくださ
い。ただし n は 3 以上の整数とします。三角関数を用いてか
まいません。

（解答は p.296）

●問題 4-2 （正五角形の頂点）

複素平面上、単位円に内接する正五角形の頂点の一つを 1 に置き、その 5 個の頂点にある複素数を、

$$\alpha_0 = 1, \quad \alpha_1, \quad \alpha_2, \quad \alpha_3, \quad \alpha_4$$

とします（図 A）。また、単位円に内接する正五角形の頂点の一つを i に置き、その 5 個の頂点にある複素数を、

$$\beta_0 = i, \quad \beta_1, \quad \beta_2, \quad \beta_3, \quad \beta_4$$

とします（図 B）。このとき、複素数 $\beta_0, \beta_1, \ldots, \beta_4$ のそれぞれを $\alpha_0, \alpha_1, \ldots, \alpha_4$ を使って表してください。

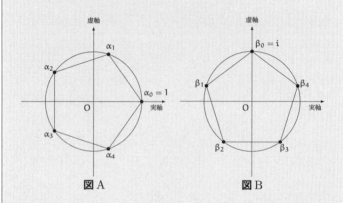

図 A　　　　　図 B

（解答は p. 297）

●**問題 4-3**（頂点の和）

本文で、複素平面上に描いた正五角形の 5 個の頂点にある複素数を次のように求めました。

$$\begin{cases} \alpha_0 = 1 \\ \alpha_1 = \dfrac{-1+\sqrt{5}}{4} + i\dfrac{\sqrt{10+2\sqrt{5}}}{4} \\ \alpha_2 = \dfrac{-1-\sqrt{5}}{4} + i\dfrac{\sqrt{10-2\sqrt{5}}}{4} \\ \alpha_3 = \dfrac{-1-\sqrt{5}}{4} - i\dfrac{\sqrt{10-2\sqrt{5}}}{4} \\ \alpha_4 = \dfrac{-1+\sqrt{5}}{4} - i\dfrac{\sqrt{10+2\sqrt{5}}}{4} \end{cases}$$

では、この 5 個の複素数の和、

$$\alpha_0 + \alpha_1 + \alpha_2 + \alpha_3 + \alpha_4$$

を求めてください。

（解答は p. 298）

●**問題 4-4**（共役複素数①）

a, b, c は実数で、$a \neq 0$ とします。二次方程式、

$$ax^2 + bx + c = 0$$

が二つの解 α, β を持つとします（重解の場合には $\alpha = \beta$）。
このとき、$\overline{\alpha} = \beta$ であるといえますか。

（解答は p. 301）

●**問題 4-5**（共役複素数②）

a, b, c は実数で、$a \neq 0$ とします。複素数 β が、

$$a\beta^2 + b\beta + c = 0$$

を満たすとき、β の共役複素数 $\overline{\beta}$ は、

$$a\overline{\beta}^2 + b\overline{\beta} + c = 0$$

を満たすといえますか。

（解答は p. 303）

第5章
三次元の数、四次元の数

"もう一歩踏み出したら、どうなるだろう。"

5.1 《三次元の数》とは？

ここは僕の部屋。今日は土曜日。

いつものようにユーリが遊びに来ている。

ユーリ「ねー、お兄ちゃん。直線は一次元で、平面は二次元？」

僕「うん、そう言ってもいいよ」

ユーリ「実数は《一次元の数》で、複素数は《二次元の数》？」

僕「ああ、そうだね」

ユーリ「だったらさ――《三次元の数》って何？」

僕「《三次元の数》は何か？」

《一次元の数》　　　《二次元の数》　　　《三次元の数》
　　実数　　　　　　　複素数　　　　　　　？？？

ユーリ「うん。《三次元の数》って、高校で習う？」

僕「いや、高校では習わないよ、それに──」

ユーリ「じゃ、大学で習うの？」

僕「ちょっと待って。たとえば、実数 a は数直線上の点として表せて、これは一次元空間上の点。それから、複素数 $a + bi$ は数直線を二つ直交させた座標平面上の点 (a, b) で表せて、これは二次元空間上の点。a, b は実数」

ユーリ「知ってる」

僕「そこまでと同じように考えて、数直線を三つ直交させた座標空間上の点 (a, b, c) を考えることはできる。これは三次元空間上の点。a, b, c は実数」

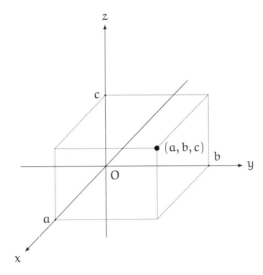

三次元空間上の点

ユーリ「それそれ！ それが《三次元の数》でしょ？」

僕「でも、そんな数は定義できないんじゃなかったかな……」

ユーリ「はあ？ お兄ちゃん、点 (a, b, c) は三次元っていま言った
ばっかだよ。数学って何でも定義できるんじゃないの？ 《三
次元の数》が定義できないって意味わかんない！」

僕「ユーリが期待しているのは、複素数を拡張した数だよね。実
数を拡張して複素数を作ったのと同じように、複素数を拡張
して《三次元の数》を作りたい。でも、そんな《三次元の数》
は定義できないはずだよ。不可能だと何かの本で読んだこと
がある」

ユーリ「ぜんっぜん、まったく、納得できなーい！ 『これを《三

次元の数》として定義する』って決めればいーんじゃない
の？　不可能なら、それをしょーめーして！」

僕「証明？　いやいや、これはたぶん、すごく難しい話だから、い
まの僕には証明できないなあ」

ユーリ「やだ。自分の《わからない最前線》を見つけなさいって、
お兄ちゃん、よく言うじゃん。なのに《三次元の数》は定義
できないっていきなり言うの？　証明をやろうともしないで
《できない》って言うの？」

僕「わかった、わかったよ。ユーリは正しい。じゃあ、複素数を
拡張した《三次元の数》が作れないことの証明をいっしょに
考えてみようか。うまくいくかもしれないけど、うまくいか
ないかもしれないよ」

ユーリ「『うまくいくかもしれないし、うまくいかないかもしれな
い。それは自明である』」

僕「誰の言葉？」

ユーリ「ユーリの言葉」

5.2　複素数の形

僕「まずは、証明したいことは何かをはっきりさせないとね。僕
たちがいま《証明したいことは何か》」

ユーリ「《三次元の数》は作れないって証明したい！」

僕「そうだね。複素数を拡張した《三次元の数》は作れないことを

証明したい。だから『複素数を拡張した《三次元の数》』とい
う言葉の意味をはっきりさせることにしよう。さもないと、
何をやっているかわからなくなってしまうから」

ユーリ「ほほー、それでどーすんの？」

僕「アイディアはある。まず複素数の形を再確認するんだ。実数
を拡張した複素数はどんな形をしているか。それを踏まえて、
複素数を拡張した《三次元の数》の形を決めていこう」

ユーリ「実数→複素数と同じことを、複素数→《三次元の数》で
やるんだね！」

複素数

a と b を実数とするとき、

$$a + bi$$

で表される数を複素数と呼ぶ。i は虚数単位である。

僕「$a + bi$ という形に書ける数はすべて複素数で、逆に複素数な
らば $a + bi$ という形で書ける」

ユーリ「《三次元の数》の形、ユーリわかったかも！」

僕「早いな！」

5.3 《三次元の数》の形

ユーリ「《二次元の数》が $a + bi$ なんだから、《三次元の数》は $a + bi + cj$ って書けるものじゃない？」

ユーリのアイディア

a 　　　　　　《一次元の数》（実数）

$a + bi$ 　　　　《二次元の数》（複素数）

$a + bi + cj$ 　《三次元の数》←**これを調べたい！**

僕「なるほど。だとすると《**その文字は何か**》が大事になる」

ユーリ「《その文字は何か》とは何じゃ？」

僕「いまユーリは《三次元の数》を、

$$a + bi + cj$$

と書いたけど、ここには a, b, c, i, j という5個の文字が出てくる。その文字は何を表しているかをはっきりさせようよ。そうしないと、$a + bi + cj$ という式が何を表しているのかもはっきりしないからね」

ユーリ「はいはい、ごもっともですにゃあ」

僕「$a + bi + cj$ のうち、a, b, c は実数を表したいよね」

ユーリ「そだね。i は虚数単位でしょ。それから j は——何だろ」

僕「うん。そこだね。複素数を定義するときには、新しく登場する虚数単位 i が重要ポイントだった。それと同じように、《三次元の数》を定義するときには、新しく登場する j という文字が重要ポイントだ」

ユーリ「j って何？」

僕「順番に考えてみよう。《三次元の数》を $a + bi + cj$ で表すとして、j は実数だろうか？」

ユーリ「違うと思う」

僕「どうしてユーリは違うと思うんだろう」

ユーリ「……わかんない。何て言ったらいいか、わかんない」

僕「もしもで考えを進めよう。もしも、j が実数だと仮定したら、a, b, c, j が実数になって $a + cj$ も実数。だから、

$$a + bi + cj = \underbrace{(a + cj)}_{実数} + \underbrace{b}_{実数}\, i$$

と書ける。これは複素数の形をしている。だから $a + bi + cj$ は複素数だ。ということは j を実数だと仮定してしまうと新しい《三次元の数》にならない。j は実数じゃない。j について少しわかったね」

ユーリ「……うーん、だったら j を複素数としてもだめだよね」

僕「どうしてユーリはそう思ったんだろう」

ユーリ「j が複素数なら、$a + bi + cj$ も複素数になるんじゃない？」

僕「もしも j が複素数だと仮定したら、j は、二つの実数 A と B

を使って j = A + Bi と書けるはず。そうすると a + bi + cj は、こんなふうに計算できる。

$$
\begin{aligned}
a + bi + cj &= a + bi + c(A + Bi) \qquad j = A + Bi\ だから \\
&= a + bi + cA + cBi \qquad 展開した \\
&= \underbrace{(a + cA)}_{実数} + \underbrace{(b + cB)}_{実数}i
\end{aligned}
$$

だから、もしも j が複素数なら a + bi + cj も複素数になって《三次元の数》という新しい数になれない。ユーリの予想通り、j は複素数じゃない。j についてまた少しわかった」

ユーリ「……」

僕「……どうした、ユーリ？」

ユーリ「a + bi が複素数って、そーゆー意味だったんだ！

$$実数 + 実数 \times i$$

という形が大事なの？」

僕「そうだね、その通り！」

ユーリ「そんで、j って何？　そろそろ答え教えてよ」

僕「いや、答えは知らないよ。ユーリは a + bi + cj と書けるものを《三次元の数》と呼べばいいと思った。僕もそれでいいと思う。a, b, c は実数で i は虚数単位。j は複素数ではないし実数でもない。じゃ、j をどう考えればいいのか——それがわかれば、ユーリが期待する《三次元の数》がどんなものか明確になる。どんなものか明確にならないと、存在しない証明もできない」

ユーリ「明確にしてから存在しないことを証明するんだ！ おも
しろーい！」

僕「『明確じゃなければ、存在するともしないとも言えない』」

ユーリ「誰の言葉？」

僕「明確じゃない」

ユーリ「そんなことより数学を進めてよー！ 結局 j って何？」

僕「だから、知らないって。$a + bi + cj$ の j とは何か。どう考え
たらいいのか……」

静かな部屋。僕とユーリはそれぞれに考えを巡らせる。
沈黙の時間が過ぎる。
《沈黙》と《時間》。
その二つは、思考のために不可欠なのだ。

5.4 鍵になる三つの数

僕「……ねえユーリ、しゃべってもいい？」

ユーリ「いーよ」

僕「僕たちは j について考えたい。そのためにまず i について考
えてみよう」

ユーリ「ふんふん？」

僕「複素数と座標平面との関係を整理すると、複素数 $a + bi$ は 1
を a 倍したものと、i を b 倍したものの和の形をしている。

そして、

- 1 を a 倍した数は x 軸上の点 $(a, 0)$ である。
- i を b 倍した数は y 軸上の点 $(0, b)$ である。

ということになる」

ユーリ「おおっ？」

僕「それを拡張するように《三次元の数》と座標空間との関係を考えると、《三次元の数》$a + bi + cj$ は 1 を a 倍したものと、i を b 倍したものと、j を c 倍したものの和の形をしている。だから、

- 1 を a 倍した数は x 軸上の点 $(a, 0, 0)$ である。
- i を b 倍した数は y 軸上の点 $(0, b, 0)$ である。
- j を c 倍した数は z 軸上の点 $(0, 0, c)$ である。

としたらどうだろうか！」

ユーリ「おもしろいっ……けど、結局 j って何？」

僕「それは、a, b, c をそれぞれ 1 にしてみればわかる」

- 1 を 1 倍した数は x 軸上の点 $(1, 0, 0)$ である。
- i を 1 倍した数は y 軸上の点 $(0, 1, 0)$ である。
- j を 1 倍した数は z 軸上の点 $(0, 0, 1)$ である。

ユーリ「結局 j は点 $(0, 0, 1)$ になったの？ それでいーの？」

僕「いいんだよ。複素平面上での i は、二次元座標平面上の点 $(0, 1)$ に対応している。それと同じことだ」

ユーリ「あっ、確かに！ すごーい！」

僕「問題は計算だな……」

ユーリ「計算？ そっか、数だから計算したいもんね」

僕「足し算と引き算はうまくいく。実数を数直線上の点として考えるときは、マイナスの掛け算で向きを考える工夫が必要。複素数を複素平面上の点として考えるときは、複素数同士の掛け算は回転と拡大縮小になる。《三次元の数》の掛け算はどうなるかというと――」

ユーリ「待って待って待って。《三次元の数》の足し算と引き算はどーなんの？」

僕「《三次元の数》を三次元空間のベクトルだと考えて、成分ごとに足したり引いたりすればいい。たとえば、$a + bi + cj$ と $A + Bi + Cj$ の和と差はこんなふうに考えればいい」

《三次元の数》の和

$$(a + bi + cj) + (A + Bi + Cj) = (a + A) + (b + B)i + (c + C)j$$
$$\updownarrow \qquad\qquad \updownarrow \qquad\qquad\qquad \updownarrow$$
$$(a, b, c) \quad + \quad (A, B, C) \quad = \quad (a + A, b + B, c + C)$$

《三次元の数》の差

$$(a + bi + cj) - (A + Bi + Cj) = (a - A) + (b - B)i + (c - C)j$$
$$\updownarrow \qquad\qquad\qquad \updownarrow \qquad\qquad\qquad\qquad \updownarrow$$
$$(a, b, c) \quad - \quad (A, B, C) \quad = \quad (a - A, b - B, c - C)$$

ユーリ「ははーん」

僕「ここに書いた《三次元の数》の和と差は、$c = C = 0$ のとき
を考えれば、複素数の和と差になるし、$b = B = c = C = 0$
のときを考えれば、実数の和と差になっている！」

ユーリ「すごいじゃん！　整合性を持った拡張じゃん！」

僕「だから、問題になるのは $a + bi + cj$ の掛け算だ。これも同
じように整合性を持った拡張にしたい」

ユーリ「足し算、引き算、掛け算、割り算……絶対値は？」

僕「絶対値？」

ユーリ「実数の絶対値を拡張して、複素数の絶対値を作るみたい
に、複素数の絶対値を拡張して、《三次元の数》の絶対値も作
れる……？」

僕「ああ、それは原点からの距離として自然に定義できるよ」

$$|a| = \sqrt{a^2} \qquad\qquad \text{実数の絶対値}$$

$$|a + bi| = \sqrt{a^2 + b^2} \qquad\qquad \text{複素数の絶対値}$$

$$|a + bi + cj| = \sqrt{a^2 + b^2 + c^2} \qquad \text{《三次元の数》の絶対値}$$

ユーリ「あーそっか。それでいーんだ……だったら、$|j| = 1$ だね」

$$|0 + 0i + 1j| = \sqrt{0^2 + 0^2 + 1^2} = 1$$

僕「確かに！ ユーリ、よく気付くなあ！」

ユーリ「だって、j について研究してるんでしょ？」

僕「j についてまた少しわかった。$|j| = 1$ だ」

ユーリ「$|j| = 1$ ってわかっても、肝心の j についてはわからない
にゃあ……」

僕「気付いたことがあるよ、ユーリ。$a + bi + cj$ で $c = 0$ にした、

$$a + bi$$

は複素数で《二次元の数》だけど、$b = 0$ にした

$$a + cj$$

という数も複素数に似た《二次元の数》になってほしい！」

ユーリ「ほほー！ とゆーことは？」

僕「わからない」

ユーリ「がっくり……んにゃ、j は i に似てるんだから、$j = -i$
とか？」

僕「いやいや、そうじゃないよ。j は複素数じゃないんだから……」

ユーリ「そっか。j はいったい何者じゃー！」

僕「j を知るため、掛け算を考えてみよう。1 と j の掛け算は何に
　　なってほしいか」

ユーリ「1 と掛けるんだから、j のままでいてほしーな」

僕「ということは 1j ＝ j だね。じゃあ、ij はどうだろう」

ユーリ「i と j の掛け算……うーん、何になるの？」

僕「少なくとも、ij ＝ a ＋ bi ＋ cj という形で表せてほしい」

ユーリ「そりゃ表されるでしょ？」

僕「いやいや、僕たちはいま、計算できる《三次元の数》が存在
　　しないといいたいんだ。だから、どこかで何かおかしなこと
　　が出てくるはず。注意して確かめないと」

ユーリ「ij が a ＋ bi ＋ cj という形で表せないと困る？」

僕「困るよ。だって、i と j を掛けた結果が《三次元の数》になら
　　なくなってしまう」

ユーリ「《四次元の数》になっちゃうかもね」

僕「だから ij が《三次元の数》だと仮定しよう。すると、

$$ij = a + bi + cj$$

と書けるはずだ。もちろん a, b, c は実数だよ」

ユーリ「そー書いても、何も起きないよ」

僕「いや、僕たちが何かを起こすんだよ。たとえば i を両辺に掛けてみよう」

ユーリ「何で、そんなことすんの？」

僕「i を ij に掛ければ $-j$ が作れるからね。僕たちがいま持っている武器は、$i^2 = -1$ と $|j| = 1$ と $ij = a + bi + cj$ ぐらいしかないんだから、できることは限られる」

ユーリ「《a, b, c は実数》という武器もあるよ」

僕「そうだね。ij を作るために、両辺に i を掛けてみよう」

$$ij = a + bi + cj \qquad ij \text{ が } a + bi + cj \text{ で表されるとした}$$
$$iij = i(a + bi + cj) \qquad \text{両辺に試しに } i \text{ を掛けてみた}$$
$$i^2j = ai + bi^2 + cij \qquad \text{展開して積の順序を整理した}$$
$$-j = ai - b + cij \qquad i^2 = -1 \text{ だから}$$

ユーリ「何も起きない」

僕「$-j = ai - b + cij$ だから、右辺を左辺に移項すると、

$$-ai + b - cij - j = 0 \qquad \cdots\cdots \heartsuit$$

になる。気になる ij が cij の中にいるね」

ユーリ「$ij = a + bi + cj$ を代入するの？」

僕「うん、そうそう」

$$-ai + b - c\,ij - j = 0 \quad \heartsuit \text{ から}$$

$$-ai + b - c(a + bi + cj) - j = 0 \quad ij = a + bi + cj \text{ だから}$$

$$-ai + b - ca - cbi - c^2 j - j = 0 \quad \text{展開した}$$

$$(b - ca) - (a + bc)i - (c^2 + 1)j = 0 \quad i, j \text{ でくくって整理した}$$

ユーリ「式がごちゃごちゃになってきた」

僕「！！！！！」

ユーリ「どしたの、お兄ちゃん」

僕「わかった！ ユーリの武器が効いた！」

ユーリ「は？」

僕「c は実数だ。だから $c^2 + 1 \neq 0$ だよ！」

ユーリ「コーフンしてる理由がわからん」

僕「$c^2 + 1 \neq 0$ だったら、$c^2 + 1$ で割り算ができる！」

ユーリ「両辺を $c^2 + 1$ で割るの？」

$$(b - ca) - (a + bc)i - (c^2 + 1)j = 0 \quad \text{上の式から}$$

$$\frac{b - ca}{c^2 + 1} - \frac{a + bc}{c^2 + 1}i - j = 0 \quad c^2 + 1 \text{ で割った}$$

僕「j を右辺に移項すればわかる」

$$\underbrace{\frac{b - ca}{c^2 + 1}}_{\text{実数}} + \underbrace{\frac{-(a + bc)}{c^2 + 1}}_{\text{実数}}i = j$$

ユーリ「！！！！お兄ちゃん。j が複素数になっちゃった！」

僕「そうだね。僕たちは $ij = a + bi + cj$ と置けると仮定した。でもそうすると、j は複素数じゃないはずなのに複素数になってしまう。これは矛盾だ。だから、$ij = a + bi + cj$ と置けるという仮定が誤りだと証明できた。うん。これで、ユーリのいう《三次元の数》は作れないことがわかった！」

ユーリ「めちゃめちゃすっきりした！」

5.5　図書室にて

テトラ「すごい……すごいです！」

　ここは高校の図書室。いまは放課後。
　いつものように僕はテトラちゃんとおしゃべりをしている。
　話題は、ユーリといっしょに考えていた《三次元の数》だ。

僕「おもしろいよね。そんなふうに考えを進めて、ユーリがいう《三次元の数》は作れないことが証明できたんだよ。とてもうれしかったなあ！」

テトラ「そもそも《複素数を拡張する》という発想がすごいです」

僕「本当だね。そのために、複素数の形を確認するというアイディアが大切だったんだ。$a + bi$ から $a + bi + cj$ へ拡張できたから」

テトラ「アイディア——アイディアを数式で表現すること自体、とても強力な武器だと改めて思いました」

僕「うん。僕もそう思うよ」

テトラ「はい。実数を数直線でイメージしたり、複素数を平面で
イメージしたり、それはとてもわかりやすく感じます。でも、
イメージだけではだめなんですね。だって《三次元の数》は
何となくイメージできてしまいますから。《空間の数》のよ
うに考えて『いかにもありそう』って思ってしまいます。で
もそれでは実数や複素数のような計算ができないなんて気付
きません……」

僕「そうそう、まさにそこだね。アイディアやイメージを雰囲気
だけで考えるんじゃなくて、数式で表して考えないとはっき
りしない。はっきりしないと、しっかりした議論ができない。
人間の直感は簡単にだまされちゃうからね」

テトラ「お話で《三次元の数》であってほしい ij を $a + bi + cj$
と表しました。そんなふうに数式で表したから《三次元の数》
をていねいに調べていけました」

僕「その通り。a, b, c は実数で、i は虚数単位で、j は複素数じゃ
ない数と仮定したんだ」

テトラ「そうです、そうです。そのように表現した上で、複素数
のように計算していく——すると実は j は複素数になってし
まう。だとすると《j は複素数ではない》が、《j は複素数で
ある》となってしまいますので、そんな j は存在しない」

僕「そうだね。j を数式の計算に出てくる文字のように扱って、交
換法則、結合法則、分配法則が使えるとする。そうすれば因
数分解や展開ができる。それを使って、そんな j が存在しな
いと証明する。楽しいね」

テトラ「そうですね……ところで、交換法則は $\alpha + \beta = \beta + \alpha$ の

ことでいいんですよね？ あの、念のため」

僕「うん、それでいいよ。交換法則は和と積の二種類があるけど
ね。どんな複素数 α, β についても、

$$\alpha + \beta = \beta + \alpha$$

が成り立つ。これを和の交換法則という」

テトラ「なるほどです。複素数は積の交換法則も成り立ちますね。
どんな複素数 α, β についても、

$$\alpha\beta = \beta\alpha$$

ですから」

僕「同じようにして、結合法則にも和と積の二種類がある。でも
分配法則は一種類。分配法則は和と積の演算の関係を表して
いるから」

複素数が満たす法則

任意の複素数 α, β, γ に対して、次の法則が成り立ちます。

結合法則 $(\alpha + \beta) + \gamma = \alpha + (\beta + \gamma)$ $\quad (\alpha\beta)\gamma = \alpha(\beta\gamma)$

交換法則 $\quad \alpha + \beta = \beta + \alpha \qquad\qquad \alpha\beta = \beta\alpha$

単位元 $\qquad \alpha + 0 = \alpha \qquad\qquad\quad 1\alpha = \alpha$

逆元 $\qquad \alpha + (-\alpha) = 0 \qquad\quad \alpha\,\alpha^{-1} = 1 \quad (\alpha \neq 0)$

分配法則 $\quad \alpha(\beta + \gamma) = \alpha\beta + \alpha\gamma$

- 0 は加法の単位元で、1 は乗法の単位元です。
- 加法に関する α の逆元は $-\alpha$ です。
- 乗法に関する α の逆元（逆数）は、$\alpha \neq 0$ のときのみ存在し、$\frac{1}{\alpha}$ あるいは α^{-1} と表します。

テトラ「はい、大丈夫です。そういう法則が成り立つことを使って、計算を進めることができるわけですね」

僕「そういうことになるね。《三次元の数》が存在しないという証明では、これらの法則を使ったことになる。最後の決め手は c が実数なので $c^2 + 1 \neq 0$ というところだったなあ」

テトラ「$c^2 + 1 \neq 0$ なので、割り算ができる」

僕「そうなんだよ。複素数には零因子*が存在しない」

テトラ「零因子が存在しない——」

---
* 零因子は零因子と呼ぶこともあります。

僕「二つの複素数 α と β がどちらも 0 じゃないとする。つまり、$\alpha \neq 0$ かつ $\beta \neq 0$ とする。そのときは $\alpha\beta = 0$ になることはない——これが《複素数には零因子が存在しない》という意味。零因子というのは、0 じゃないのに掛けると 0 になるような数のこと。複素数には零因子は存在しない。だから、$\alpha \neq 0$ ならば逆数 $1/\alpha$ が存在して、割り算ができる」

テトラ「あ……零因子は以前、教えていただきましたね。行列を学んだときです**」

僕「そうだね。《三次元の数》が存在しないという証明では、その他に $i^2 = -1$ も使ったことになるね」

テトラ「なるほどです。それは虚数単位 i が持つ性質ということですね。$i^2 = -1$ を使って……あらら？」

僕「どうしたの？」

テトラ「先輩……本当に《三次元の数》は存在しないんですか？」

僕「もちろんだよ。証明はできたから」

テトラ「……先輩、ちょっと失礼させてもらっていいですか？ 一人で計算したくなってきました」

僕「え？ う、うん。もちろん」

　テトラちゃんはノートとペンケースを抱えて、窓際の席に移る。そして、無言で計算を始めた。

僕「……僕も、自分の数学をやろうかな」

    ** 『数学ガールの秘密ノート／行列が描くもの』参照。

　そんなふうにして、僕とテトラちゃんはそれぞれに数学を考える時間を過ごすことになった。

　《沈黙》と《時間》。

　その二つは、思考のために不可欠なのだ。

5.6　ハミルトンの四元数

　しばらくして、**ミルカさん**が現れる。

ミルカ「今日はテトラはいないのか」

僕「いや、あっちで計算しているよ」

ミルカ「ふむ」

　ミルカさんは、僕のクラスメート。

　長い黒髪にメタルフレームの眼鏡がよく似合う。

　彼女もまた、放課後の図書室で《数学トーク》を交わす仲間だ。

僕「さっきまで《三次元の数》が存在しないという話をしてたら、何かを思いついたらしいんだ」

ミルカ「《三次元の数》とは？」

　僕はミルカさんに《三次元の数》の話をする。

僕「……そんなふうにして $a + bi + cj$ を考えたんだ」

ミルカ「ふむ。複素数を拡張した $a + bi + cj$ という形の数で通常の四則演算ができると仮定し、ij を計算することで、j が複素数になることを示したんだな」

僕「うん、そういうことになるね」

ミルカ「ところで君は、**ハミルトンの四元数**は知っている？」

僕「四元数……名前は聞いたことがあるけど、詳しくは知らない」

ミルカ「四元数は、君の言葉でいえば《四次元の数》に近い数。複素数の拡張だと考えてもいい」

僕「ミルカさん、ちょっと待って。その《四次元の数》では複素数のような法則は成り立つの？」

ミルカ「ほとんど成り立つけれど、すべてではない。ハミルトンの四元数では、和の交換法則、和の結合法則、積の結合法則、分配法則が成り立つ。複素数と同じように零因子は存在しない。しかし四元数では、積の交換法則が成り立たない」

	実数	複素数	四元数
和の交換法則	成り立つ	成り立つ	成り立つ
積の交換法則	成り立つ	成り立つ	**成り立たない**
和の結合法則	成り立つ	成り立つ	成り立つ
積の結合法則	成り立つ	成り立つ	成り立つ
分配法則	成り立つ	成り立つ	成り立つ
零因子	存在しない	存在しない	存在しない

僕「積の交換法則が成り立たない――そういう数を作れるんだね」

ミルカ「実数を a と表して、複素数を $a+bi$ と表して、《三次元の数》を $a+bi+cj$ と表したように、四元数は $a+bi+cj+dk$ と表す」

$$
\begin{array}{ll}
a & \text{実数} \\
a + bi & \text{複素数} \\
a + bi + cj & \text{《三次元の数》} \\
a + bi + cj + dk & \text{四元数}
\end{array}
$$

僕「なるほど。a, b, c, d は実数で、鍵になるのは i, j, k だね」

ミルカ「そう。虚数単位 i に類似した役目を果たす数は i, j, k の三種類。気持ちとしては $a1 + bi + cj + dk$ と書きたいところだな。i, j, k は、こんな式を満たすものとして定義される」

四元数 $a + bi + cj + dk$ で、i, j, k が満たす式

$$
\begin{array}{lll}
i^2 = -1 & j^2 = -1 & k^2 = -1 \\
ij = k & jk = i & ki = j
\end{array}
$$

僕「へえ……そうか、複素数では特別な文字は i しかないから、$i^2 = -1$ だけでよかったけど、四元数では i, j, k と三つもあるから式もたくさんいるんだね。$ij = k, jk = i, ki = j$ というのは……サイクリックになってるね。i と j の積が k で、j と k の積が i で、k と i の積が j だから、$i \to j \to k \to i \to \cdots$」

ミルカ「私も四元数について詳しくは知らないが、この式からだけでもわかることはたくさんある。たとえば、

$$
i^2 = -1 \qquad j^2 = -1 \qquad k^2 = -1
$$

からは、i, j, k がいずれも実数ではないことがわかる」

僕「ああ、それはそうだね。2 乗して負だから」

ミルカ「また、

$$ij = k \qquad jk = i \qquad ki = j$$

には三つの積しかないけれど、その他はすぐに導出できる。たとえば、こんな**クイズ**を出そう。 ji は何になる？」

僕「そうか……四元数では積の交換法則が成り立たないから、 $ji = ij$ とは限らないんだね」

ミルカ「君ならすぐにわかる」

僕「ji を求める。うん、ともかく試してみよう……

$$\begin{aligned} ji &= j(jk) & & jk = i \text{ だから} \\ &= (jj)k & & \text{結合法則から} \\ &= (j^2)k & & jj = j^2 \text{ だから} \\ &= (-1)k & & j^2 = -1 \text{ だから} \\ &= -k \end{aligned}$$

……ということは、$ji = -k$ になるんだね」

ミルカ「そうだ。同様に、$kj = -i, ik = -j$ もいえる。ここまでわかれば、四元数同士の積は具体的に計算でき、しかもその結果は確かに四元数になることが確かめられる」

僕「$ij = k$ で $ji = -k$ ということは、$ji = -ij$ だね。積を交換すると、符号が反転するのか……それにしても、$i^2 = -1, j^2 = -1, k^2 = -1, ij = k, jk = i, ki = j$ なんて式は、どうやって思いつくんだろう」

ミルカ「数学者**ハミルトン***が苦労のすえに発見したそうだ。ハミルトンは、公理的に数を考え、結合法則や分配法則や交換法則などを満たすものとして研究したらしい」

5.7 テトラちゃんの発見

テトラちゃんがノートをぶんぶん振り回しながらやってきた。おもしろい計算ができたのかな。

テトラ「先輩っ！ ミルカさんっ！ はっけんですっ！ テトラ、大発見しましたっ！ とても自然な《複素数の拡張》ができることに気付いたんですよっ！ 《四次元の数》にすればいいんです！」

ミルカ＋僕「「四元数？」」

僕とミルカさんは、思わず顔を見合わせた。

テトラ「四元数──って何ですか？」

僕「あのね、いまミルカさんと話してたんだよ。四元数っていうのは……痛っ！」

机の下で、ミルカさんのキックが僕の足に決まった。
かなり、痛いぞ。

ミルカ「ともかく、テトラの話を聞こう」

テトラ「ええと、あたしは先輩から《三次元の数》の話を聞いて、

---

* William Rowan Hamilton, 1805–1865.

こんなことを考えたんです。あ、あのですね——」

こんなふうにして、テトラちゃんの発表が始まった。

驚きの発表である。

5.8 テトラちゃんの考え

あ、あのですね。考えたばかりのことなので、まとまってなくてすみません。考えた順番でお話しします。

まずあたしは、先輩がユーリちゃんに教えた複素数のことを考えました。

$$a + bi \qquad \text{複素数 (} a, b \text{ は実数)}$$

ここで複素数は、a と b という実数——つまり、a, b という《実数のペア》で表されています。ペアなので、座標のようにこう書けます。いわば《二次元の数》です。

$$(a, b) \qquad \text{複素数 (} a, b \text{ は実数)}$$

ここで、あたしの中にひらめいたのは——

実数のペアではなく、**複素数のペア**ならどうなるの？

——というアイディアです。複素数一つが《二次元の数》なんですから、複素数のペアは《四次元の数》になるのでは！ ……と、考えたんです。

アイディア①

二つの実数 a, b のペア、

$$(a, b)$$

は《二次元の数》ともいえる複素数を表すことになります。
それなら、二つの複素数 α, β のペア、

$$(\alpha, \beta)$$

は《四次元の数》を表すことになるのでは？

　このアイディア①がひらめいたので、あたしはもっと考えを深めたいと思いました。なので、失礼して一人で計算しようと思ったんです。

　先輩から言われたように、ふわっとしたイメージじゃなくて、数式で表現しようと思いました。でも、こんな《四次元の数》なんてどう考えたらいいかわかりません。

　そのときに、もう一つのアイディアがひらめきました。それは——複素数の計算を真似すればいい！ということです。

> アイディア②
>
> 複素数 $a + bi$ の計算を、
>
> $$(a, b)$$
>
> のペアで表してみます。そして、そこに出てきた a を α に、b を β に置き換えれば《四次元の数》の計算になるのでは？

あたしは、このアイディアでとても、とっても興奮しました！ だって、あたしでも数式で表現できそうに思えましたから！

◎　　◎　　◎

僕「なるほどね！ ということは」

ミルカ「ねえ、君。テトラの発表はまだ続いているんだが」

僕は思わず足を引く。

ミルカさんは指揮者のようにテトラちゃんに指を向ける。

テトラ「はいっ！ あたしはさっそく計算しました」

◎　　◎　　◎

あたしはさっそく計算しました。

まず、**和**です。二つの複素数 $a + bi$ と $c + di$ の和は、

$$(a + bi) + (c + di) = (a + c) + (b + d)i$$

と計算できます。ということは《実数のペア》の形で書くと、

$$(a, b) + (c, d) = (a + c, b + d)$$

ということですよね。実部同士、虚部同士の和ですから。

ここで、文字を置き換えます。つまり、実数の a, b, c, d をそれぞれ、複素数の α（アルファ）, β（ベータ）, γ（ガンマ）, δ（デルタ）に置き換えます。

$$
\begin{array}{cccc}
a & b & c & d \\
\downarrow & \downarrow & \downarrow & \downarrow \\
\alpha & \beta & \gamma & \delta
\end{array}
$$

そうすると、

$$(\alpha, \beta) + (\gamma, \delta) = (\alpha + \gamma, \beta + \delta)$$

という式ができます。これを《四次元の数》の和とします！

次は**積**です。複素数 $a + bi$ と $c + di$ の積は複雑ですが——

$$
\begin{aligned}
(a + bi)(c + di) &= (a + bi)c + (a + bi)di \\
&= ac + bic + adi + bidi \\
&= ac + bci + adi - bd \\
&= (ac - bd) + (ad + bc)i
\end{aligned}
$$

——となります。《実数のペア》で書くなら、

$$(a, b)(c, d) = (ac - bd, ad + bc)$$

です。先ほどと同じように文字を置き換えると、

$$(\alpha, \beta)(\gamma, \delta) = (\alpha\gamma - \beta\delta, \alpha\delta + \beta\gamma)$$

ができます。これを《四次元の数》の積としましょう！ あたしはアイディア①と②を、こうまとめました。

ここまでのまとめ

$\alpha, \beta, \gamma, \delta$ を複素数とします。

- 《複素数のペア》を、《四次元の数》と呼びます。

$$(\alpha, \beta)$$

- 《四次元の数》の和を、次式で定義します。

$$(\alpha, \beta) + (\gamma, \delta) = (\alpha + \gamma, \beta + \delta)$$

- 《四次元の数》の積を、次式で定義します。

$$(\alpha, \beta)(\gamma, \delta) = (\alpha\gamma - \beta\delta, \alpha\delta + \beta\gamma)$$

◎　◎　◎

ミルカ「ふむ。しかしそれだと」

僕「ねえ、ミルカさん。テトラちゃんの発表はまだ続いているみたいだよ」

ミルカ「む」

テトラ「は、話が長くなってすみません。あたしは——」

◎　◎　◎

あたしは、《四次元の数》の和と積が定義できてすごくうれしくなりました……でも、あまり《ほんとうにわかった感じ》はしません。それが引っかかりました。

どうしてわかった感じがしないかというと、《実数のペア》のこ

の式です。

$$(a, b)(c, d) = (ac - bd, ad + bc)$$

この式は、あたしの目には複雑すぎるんです。なので、あまり掛け算をした気持ちになれなくて……そのときあたしは、先輩がよくおっしゃるように、《式の形》をよく見ようと思いました。そしてポリア先生の《似ているものを知らないか》という問いかけも思い出しました。

$ad+bc$ という式の形を見ていると、これはどこかで見た $ad-bc$ という式に似ていると気付きました。行列で見たような気がしてノートを調べると $ad - bc$ は、$\left(\begin{smallmatrix} a & b \\ c & d \end{smallmatrix}\right)$ の行列式でした！

そこであたしは、行列を復習することにしたんです。

5.9 テトラちゃんの行列講座

▶ $\left(\begin{smallmatrix} a & b \\ c & d \end{smallmatrix}\right)$ を、a, b, c, d を成分にする行列といいます*。

$$\begin{pmatrix} a & b \\ c & d \end{pmatrix}$$

▶ $a_{11}, a_{12}, a_{21}, a_{22}$ のように添字を付けることもあります。

$$\begin{pmatrix} a_{11} & a_{12} \\ a_{21} & a_{22} \end{pmatrix}$$

▶ 成分がすべて実数の行列を**実行列**といい、成分がすべて複素数の行列を**複素行列**といいます。

▶ 二つの行列が**等しい**のは、対応する成分同士が等しいときと定

---

* ここでの行列は 2 行 2 列の 2×2 正方行列のみを対象にしています。

義します。

$$\begin{pmatrix} a_{11} & a_{12} \\ a_{21} & a_{22} \end{pmatrix} = \begin{pmatrix} b_{11} & b_{12} \\ b_{21} & b_{22} \end{pmatrix} \iff \begin{cases} a_{11} = b_{11} \\ a_{12} = b_{12} \\ a_{21} = b_{21} \\ a_{22} = b_{22} \end{cases}$$

▶ 行列の**和**は、対応する成分同士の和で定義します。

$$\begin{pmatrix} a_{11} & a_{12} \\ a_{21} & a_{22} \end{pmatrix} + \begin{pmatrix} b_{11} & b_{12} \\ b_{21} & b_{22} \end{pmatrix} = \begin{pmatrix} a_{11} + b_{11} & a_{12} + b_{12} \\ a_{21} + b_{21} & a_{22} + b_{22} \end{pmatrix}$$

▶ 行列の**実数倍**は、各成分を実数倍したものとして定義します。

$$r\begin{pmatrix} a_{11} & a_{12} \\ a_{21} & a_{22} \end{pmatrix} = \begin{pmatrix} ra_{11} & ra_{12} \\ ra_{21} & ra_{22} \end{pmatrix} \quad (r \text{ は実数})$$

▶ たとえば行列の -1 倍はこうなります。

$$-\begin{pmatrix} a_{11} & a_{12} \\ a_{21} & a_{22} \end{pmatrix} = \begin{pmatrix} -a_{11} & -a_{12} \\ -a_{21} & -a_{22} \end{pmatrix}$$

▶ すると、行列同士の**差**は、対応する成分同士の差になります。

$$\begin{pmatrix} a_{11} & a_{12} \\ a_{21} & a_{22} \end{pmatrix} - \begin{pmatrix} b_{11} & b_{12} \\ b_{21} & b_{22} \end{pmatrix} = \begin{pmatrix} a_{11} - b_{11} & a_{12} - b_{12} \\ a_{21} - b_{21} & a_{22} - b_{22} \end{pmatrix}$$

▶ 行列同士の**積**は、こんな式で定義します。

$$\begin{pmatrix} a_{11} & a_{12} \\ a_{21} & a_{22} \end{pmatrix}\begin{pmatrix} b_{11} & b_{12} \\ b_{21} & b_{22} \end{pmatrix} = \begin{pmatrix} a_{11}b_{11} + a_{12}b_{21} & a_{11}b_{12} + a_{12}b_{22} \\ a_{21}b_{11} + a_{22}b_{21} & a_{21}b_{12} + a_{22}b_{22} \end{pmatrix}$$

▶ 和で 0 の役目を果たす零行列は、すべての成分が 0 の行列です。どんな行列に零行列を加えても変わりません。

$$\begin{pmatrix} 0 & 0 \\ 0 & 0 \end{pmatrix}$$

▶ 積で 1 の役目を果たす単位行列は、成分がこのような行列です。どんな行列に単位行列を掛けても変わりません。

$$\begin{pmatrix} 1 & 0 \\ 0 & 1 \end{pmatrix}$$

▶ それから行列 $\begin{pmatrix} a & b \\ c & d \end{pmatrix}$ に対して**行列式**をこのように定義します。

$$\begin{vmatrix} a & b \\ c & d \end{vmatrix} = ad - bc$$

そうです。この行列式がきっかけで、あたしは行列を復習したんです。

5.10　複素数を行列で表す

そして、あたしのノートには「複素数を行列で表す」話が書いてありました。これは先輩に教えていただいたものです[*]。積の定義にしたがって、$\begin{pmatrix} 0 & -1 \\ 1 & 0 \end{pmatrix}$ という行列を 2 乗しますと、

$$\begin{pmatrix} 0 & -1 \\ 1 & 0 \end{pmatrix}^2 = -\begin{pmatrix} 1 & 0 \\ 0 & 1 \end{pmatrix}$$

が成り立ちます。二乗すると単位行列の -1 倍になる行列ですから、

$$\begin{pmatrix} 0 & -1 \\ 1 & 0 \end{pmatrix}$$

という行列はまるで虚数単位 i のような振る舞いをします！1 のような行列 $\begin{pmatrix} 1 & 0 \\ 0 & 1 \end{pmatrix}$ と、i のような行列 $\begin{pmatrix} 0 & -1 \\ 1 & 0 \end{pmatrix}$ が武器として手に

---

[*]　『数学ガールの秘密ノート／行列が描くもの』参照。

入ったので、あたしは、**複素数を行列で表す**ことができます。

a, b を実数として、a + bi は、

$$a \times 1 + b \times i$$

ですから、1 を $\begin{pmatrix} 1 & 0 \\ 0 & 1 \end{pmatrix}$ に置き換えて i を $\begin{pmatrix} 0 & -1 \\ 1 & 0 \end{pmatrix}$ に置き換えると、

$$a\begin{pmatrix} 1 & 0 \\ 0 & 1 \end{pmatrix} + b\begin{pmatrix} 0 & -1 \\ 1 & 0 \end{pmatrix}$$

という行列ができます。これを計算します。

$$a\begin{pmatrix} 1 & 0 \\ 0 & 1 \end{pmatrix} + b\begin{pmatrix} 0 & -1 \\ 1 & 0 \end{pmatrix} = \begin{pmatrix} a & 0 \\ 0 & a \end{pmatrix} + \begin{pmatrix} 0 & -b \\ b & 0 \end{pmatrix}$$
$$= \begin{pmatrix} a & -b \\ b & a \end{pmatrix}$$

つまり、a + bi という複素数を、

$$\begin{pmatrix} a & -b \\ b & a \end{pmatrix}$$

という行列で表すことができました……そしてっ！

そしてっ！ この**行列で表す**という武器を《四次元の数》に使えると気付きました。

- 複素数 $a + bi$ は《実数のペア》の (a, b) で表せる。さらに $a + bi$ は《実数を成分に持つ行列》である、

$$\begin{pmatrix} a & -b \\ b & a \end{pmatrix}$$

　で表せる。だとしたら……

- 《四次元の数》は《複素数のペア》の (α, β) で表せるんだから、《複素数を成分に持つ行列》である、

$$\begin{pmatrix} \alpha & -\beta \\ \beta & \alpha \end{pmatrix}$$

　で表せるんじゃないでしょうかっ！

　そして、これなら《四次元の数》をきっとうまく計算できます。だって、行列の計算を使えばいいんですからっ！

　あたしの考えた《四次元の数》は、複素数 α, β に対して、

$$\begin{pmatrix} \alpha & -\beta \\ \beta & \alpha \end{pmatrix}$$

という形をしてる行列ですっ！

アイディア③

複素数 α, β に対して《複素数を成分に持つ行列》、

$$\begin{pmatrix} \alpha & -\beta \\ \beta & \alpha \end{pmatrix}$$

は《四次元の数》じゃないでしょうか？

テトラちゃんの発表が終わった。
僕もミルカさんも——無言。

テトラ「……あ、あの？ 先輩方？」

ミルカさんが、拍手する。
もちろん、僕も拍手する。

テトラ「えっ、えっ？」

ミルカ「すばらしい」

僕「おもしろい！ すごいなあテトラちゃん！」

テトラ「あ、あっ、ありがとうございますっ！ 《四次元の数》が
こんなふうに作れるって思いもしませんでした。複素数のよ
うに計算できる《三次元の数》は存在しないんですけれど、
《四次元の数》は存在するんですねっ！」

僕「あっと、でも、テトラちゃん……」

テトラ「え？」

僕「さっきミルカさんから四元数の話を聞いてたんだけど、四元
数では積の交換法則は成り立たないんだよ。テトラちゃんの
この《四次元の数》もきっとそうだよ。ほら、行列では積の
交換法則は成り立たないからね」

テトラ「せ、積の交換法則が成り立たない……とは？」

僕「テトラちゃんの《四次元の数》で積が交換できない例を作っ
てみればわかるよ。きっと、すぐに作れる」

ミルカ「いや、そうはいかない」

僕「え？」

ミルカ「テトラの《四次元の数》では積の交換法則は成り立っている。一般的に計算すればわかる」

$$\begin{pmatrix} \alpha & -\beta \\ \beta & \alpha \end{pmatrix}\begin{pmatrix} \gamma & -\delta \\ \delta & \gamma \end{pmatrix} = \begin{pmatrix} \alpha\gamma - \beta\delta & -(\alpha\delta + \beta\gamma) \\ \alpha\delta + \beta\gamma & \alpha\gamma - \beta\delta \end{pmatrix}$$

$$\begin{pmatrix} \gamma & -\delta \\ \delta & \gamma \end{pmatrix}\begin{pmatrix} \alpha & -\beta \\ \beta & \alpha \end{pmatrix} = \begin{pmatrix} \alpha\gamma - \beta\delta & -(\alpha\delta + \beta\gamma) \\ \alpha\delta + \beta\gamma & \alpha\gamma - \beta\delta \end{pmatrix}$$

僕「ほんとだ。一般的な行列じゃなくて、形が決まっているからその範囲で交換法則が成り立つのか！ ちょっと待ってよ。だったら、四元数よりもずっとすごい発見じゃない!? だって、四元数では成り立たない積の交換法則が成り立つんだから！ もしかして、テトラちゃんは大発見をした？」

テトラ「えっえっ？」

ミルカ「いや、そうもいかない。残念ながら。行列では積の交換法則が成り立つとは限らない——と君は言ったね。それ以外にもう一つ、**行列で注意すべきポイント**があるだろう？」

僕「もう一つ、行列で注意すべきポイント？」

ミルカ「行列には**零因子**がある」

僕「そうか、テトラちゃんの《四次元の数》には零因子がある？」

テトラ「は、話がもう見えなくなりました……」

僕「こういうことだよ、テトラちゃん。テトラちゃんは《四次元の数》を $\begin{pmatrix} \alpha & -\beta \\ \beta & \alpha \end{pmatrix}$ という形の行列で定義しようとしたよね。加・減・乗に関しては行列の力を借りてうまくいくんだけど、

でも《除》でもうまくいくとは限らないんだよ。テトラちゃんの《四次元の数》では《ゼロじゃないのに割り算ができない》場合があるかも？」

テトラ「あっ……そういうことですか。つまり $\begin{pmatrix} 0 & 0 \\ 0 & 0 \end{pmatrix}$ 以外の行列なのに割り算ができない？」

僕「そう。だから、加減乗除ができる数にはならないんだね」

テトラ「で、でも、具体例！　具体的に割り算ができない場合を確かめたいです！」

僕「うん、今度こそ、すぐに作れるよ。たとえば、ええと、$\begin{pmatrix} 1 & -i \\ i & 1 \end{pmatrix}$ でいけるかな。この行列の行列式は 0 になるから、逆行列が存在しない。つまり $\begin{pmatrix} 1 & -i \\ i & 1 \end{pmatrix}$ では割り算ができない」

$$\begin{vmatrix} 1 & -i \\ i & 1 \end{vmatrix} = 1 \cdot 1 - (-i)i = 0$$

テトラ「あっ……」

僕「零行列じゃない二つの行列の積の結果が零行列になることもあるんだ」

零行列でないのに、積が零行列になる例（零因子）

$$\begin{pmatrix} 1 & -i \\ i & 1 \end{pmatrix}\begin{pmatrix} 1 & i \\ -i & 1 \end{pmatrix} = \begin{pmatrix} 1+(-1) & i-i \\ i-i & -1+1 \end{pmatrix} = \begin{pmatrix} 0 & 0 \\ 0 & 0 \end{pmatrix}$$

$\begin{pmatrix} 1 & -i \\ i & 1 \end{pmatrix}$ と $\begin{pmatrix} 1 & i \\ -i & 1 \end{pmatrix}$ はどちらも零因子になっている。

テトラ「ああ……だったら複素数 $a + bi$ を《成分が実数の行列》で表そうとした、

$$\begin{pmatrix} a & -b \\ b & a \end{pmatrix}$$

のときも零因子が存在したんでしょうか。その時点からすでにまちがえていた？」

僕「いや、そうじゃないよ。成分が実数の行列——つまり実行列なら、$a = b = 0$ のとき以外は、

$$\begin{vmatrix} a & -b \\ b & a \end{vmatrix} = a^2 + b^2 \neq 0$$

になる。実数は二乗したら負にならないからね。行列式 $\neq 0$ なら、逆行列が存在するから零因子にはならない」

テトラ「……」

僕「でも、成分が複素数の行列——つまり複素行列なら、$\alpha = \beta = 0$ のとき以外でも、

$$\begin{vmatrix} \alpha & -\beta \\ \beta & \alpha \end{vmatrix} = \alpha^2 + \beta^2 = 0$$

になってしまうことがある。虚数の中には二乗したら負になるものがあるからね。《四次元の数》を行列で作るというテトラちゃんの発想はすばらしかった。でも、実行列と複素行列の違いのために零因子が生まれてしまったんだね」

テトラ「零因子があると、ゼロ割でもないのに割り算ができないことがある——あたしは失敗しました」

テトラちゃんが急激に悲しげな顔になる。

ミルカさんが、そこで指を鳴らす。

ミルカ「いや、失敗なんかじゃない。数学は広い。代数的構造は無数にある。自由に定義し、自由に調べてかまわない」

テトラ「だとしても、割り算ができないのは悲しいです。だって、《複素数の拡張》としては行き止まりですよね」

ミルカ「そう見えるだけだ。乗り越えて新たな道へ進もう」

僕「え？」

テトラ「はい？」

ミルカ「テトラのすばらしいアイディアから、新たな道へ進む。積の交換法則を断念する代わりに零因子をなくし、除算を取り戻そう。そうすれば、四元数が構成できるからだ」

僕「そんなにうまくいくんだろうか……」

ミルカ「君が作った零因子の例から始めよう。君は、

$$\begin{pmatrix} 1 & -i \\ i & 1 \end{pmatrix}$$

という零因子をどうやって見つけた？」

僕「さっきも言ったけど、零因子を作るんだから、行列式が 0 になるものを探す。つまり、$\begin{pmatrix} \alpha & -\beta \\ \beta & \alpha \end{pmatrix}$ の行列式が 0 になるので、

$$\begin{vmatrix} \alpha & -\beta \\ \beta & \alpha \end{vmatrix} = \alpha^2 + \beta^2 = 0$$

という式を満たす複素数を探して、$\alpha = 1$ と $\beta = i$ を見つけ

たんだけど……」

ミルカ「ふむ。そこから話を続けよう。行列式に注目する」

5.11 ミルカさんの考え

行列式に注目する。

テトラの《四次元の数》を表現した行列から零因子をなくしたい。そのために複素行列の作り方を変えよう。テトラは、複素数のペア (α, β) を、次の複素行列に対応させた。

$$\begin{pmatrix} \alpha & -\beta \\ \beta & \alpha \end{pmatrix}$$

この行列の行列式を計算すると、

$$\begin{vmatrix} \alpha & -\beta \\ \beta & \alpha \end{vmatrix} = \alpha^2 + \beta^2$$

君がいったように、α, β は複素数だから、$\alpha = \beta = 0$ のとき以外でも $\alpha^2 + \beta^2 = 0$ になってしまうことがある。

では、$\alpha^2 + \beta^2$ をどうするか。

◎　◎　◎

ミルカ「では、$\alpha^2 + \beta^2$ をどうするか」

僕「どうするか……といっても」

テトラ「あ、あたしもさっぱり……」

ミルカ「式の形をよく見よう。《似ているものを知らないか》」

テトラ「$\alpha^2 + \beta^2$ に似ているもの……」

ミルカ「$\alpha^2 + \beta^2$ と $|\alpha|^2 + |\beta|^2$ はよく似ている」

僕「でも $\alpha^2 + \beta^2 = |\alpha|^2 + |\beta|^2$ とは限らないよ」

ミルカ「そこで、**複素共役**を使おう」

テトラ「複素共役……《水面に映る星の影》？」

僕「もしかして、$\alpha\alpha + \beta\beta$ の代わりに $\alpha\overline{\alpha} + \beta\overline{\beta}$ を使う？」

ミルカ「そうだ」

テトラ「え……？」

ミルカ「《自分自身との積》ではなく《共役複素数との積》を使えば、零因子は生まれない。やってみよう。まず――」

◎　◎　◎

まず、複素数のペア (α, β) を、次の複素行列に対応させる。

$$\begin{pmatrix} \alpha & -\beta \\ \overline{\beta} & \overline{\alpha} \end{pmatrix}$$

この行列の行列式を計算する。

$$\begin{vmatrix} \alpha & -\beta \\ \overline{\beta} & \overline{\alpha} \end{vmatrix} = \alpha\overline{\alpha} + \beta\overline{\beta} = |\alpha|^2 + |\beta|^2 \geqq 0$$

この不等式で等号が成立するのは、$|\alpha|$ と $|\beta|$ が共に 0 のとき。すなわち $\alpha = 0$ かつ $\beta = 0$ のときに限る。これで、複素行列 $\begin{pmatrix} \alpha & -\beta \\ \overline{\beta} & \overline{\alpha} \end{pmatrix}$ は零因子にならないといえた。

◎　　◎　　◎

ミルカ「複素行列 $\left(\begin{smallmatrix}\alpha & -\beta \\ \overline{\beta} & \overline{\alpha}\end{smallmatrix}\right)$ は零因子にならないといえた」

僕「なるほど……ちょっと待って、この形の行列はそもそも積で閉じているといえる？」

ミルカ「具体的に計算すればすぐいえる」

確かにそうだ。計算してみればいいんだ。

複素数 $\alpha_1, \beta_1, \alpha_2, \beta_2$ で作った複素行列の積、

$$\begin{pmatrix}\alpha_1 & -\beta_1 \\ \overline{\beta_1} & \overline{\alpha_1}\end{pmatrix}\begin{pmatrix}\alpha_2 & -\beta_2 \\ \overline{\beta_2} & \overline{\alpha_2}\end{pmatrix}$$

が、

$$\begin{pmatrix}\alpha & -\beta \\ \overline{\beta} & \overline{\alpha}\end{pmatrix}$$

という形で表せればいいんだ。僕はすぐに計算して確かめた*。

ミルカ「零因子はなくなった。積の交換法則は成り立たないが」

僕「加算、減算、乗算、零行列以外での除算ができるようになった！ 積の交換法則は成り立たないけど」

テトラ「あ……」

ミルカ「次に、複素行列 $\left(\begin{smallmatrix}\alpha & -\beta \\ \overline{\beta} & \overline{\alpha}\end{smallmatrix}\right)$ を四元数 $a + bi + cj + dk$ に対応付けよう。そのために、$\alpha = a + bi$ と $\beta = c + di$ と置いて成分表示する。$\overline{\alpha} = a - bi$ と $\overline{\beta} = c - di$ だから——」

---
* 問題5-2 参照（p.259）。

$$\begin{pmatrix} \alpha & -\beta \\ \overline{\beta} & \overline{\alpha} \end{pmatrix} = \begin{pmatrix} a+bi & -(c+di) \\ c-di & a-bi \end{pmatrix}$$

$$= \begin{pmatrix} a+bi & -c-di \\ c-di & a-bi \end{pmatrix}$$

$$= a \underbrace{\begin{pmatrix} 1 & 0 \\ 0 & 1 \end{pmatrix}}_{=E \, \text{と置く}} + b \underbrace{\begin{pmatrix} i & 0 \\ 0 & -i \end{pmatrix}}_{=I \, \text{と置く}} + c \underbrace{\begin{pmatrix} 0 & -1 \\ 1 & 0 \end{pmatrix}}_{=J \, \text{と置く}} + d \underbrace{\begin{pmatrix} 0 & -i \\ -i & 0 \end{pmatrix}}_{=K \, \text{と置く}}$$

$$= aE + bI + cJ + dK$$

僕「複素行列 E, I, J, K をこう置けば、きれいに対応付くのか！」

$$E = \begin{pmatrix} 1 & 0 \\ 0 & 1 \end{pmatrix} \quad I = \begin{pmatrix} i & 0 \\ 0 & -i \end{pmatrix} \quad J = \begin{pmatrix} 0 & -1 \\ 1 & 0 \end{pmatrix} \quad K = \begin{pmatrix} 0 & -i \\ -i & 0 \end{pmatrix}$$

$$\begin{array}{ccccccc} aE & + & bI & + & cJ & + & dK \\ \updownarrow & & \updownarrow & & \updownarrow & & \updownarrow \\ a & + & bi & + & cj & + & dk \end{array}$$

テトラ「あの……」

ミルカ「複素行列 $\begin{pmatrix} \alpha & -\beta \\ \overline{\beta} & \overline{\alpha} \end{pmatrix}$ は、ハミルトンの四元数を表現する」

僕「そうなんだ」

ミルカ「証明は、《四元数 $a + bi + cj + dk$ で、i, j, k が満たす式》を複素行列 I, J, K が同じように満たすことを示せばいい。そうすれば、$a + bi + cj + dk$ と $aE + bI + cJ + dK$ との対応が単なる見た目だけではないといえる」

テトラ「あ、あの、あたしはまだ四元数をわかってません……」

僕「うん。あのね、さっきテトラちゃんが計算しているときに話

をしていたんだよ。四元数は $a + bi + cj + dk$ と表せる数で、積の交換法則が成り立たないこと以外は複素数と同じように計算ができる。そして、i, j, k はこんな式を満たす式として定義されるんだそうだ」

$a + bi + cj + dk$ で、i, j, k が満たす式

$$i^2 = -1 \qquad j^2 = -1 \qquad k^2 = -1$$

$$ij = k \qquad jk = i \qquad ki = j$$

テトラ「へえ……」

ミルカ「四元数は、

$$a + bi + cj + dk$$

で表せて、いま作った複素行列は、

$$aE + bI + cJ + dK$$

というそっくりの形になる。あとは I, J, K が満たす式を確かめるだけだよ、テトラ」

テトラ「そっくりですが……どういうことでしょう」

僕「もしも、複素行列 I, J, K が i, j, k と同じ式を満たすなら、$a + bi + cj + dk$ と $aE + bI + cJ + dK$ は同一視できるってことになるんだ。つまり、これが成り立つことを示せばいいんだね」

$aE + bI + cJ + dK$ で、E, I, J, K が満たす式

$$I^2 = -E \qquad J^2 = -E \qquad K^2 = -E$$

$$IJ = K \qquad JK = I \qquad KI = J$$

ミルカ「これを示すと、四元数で複素行列を構成したといえる」

テトラ「$I^2 = -E$ が成り立つことを確かめる……？」

ミルカ「そうだ。計算すればいい」

$$I^2 = \begin{pmatrix} i & 0 \\ 0 & -i \end{pmatrix}\begin{pmatrix} i & 0 \\ 0 & -i \end{pmatrix} \quad = \begin{pmatrix} -1 & 0 \\ 0 & -1 \end{pmatrix} = -E$$

$$J^2 = \begin{pmatrix} 0 & -1 \\ 1 & 0 \end{pmatrix}\begin{pmatrix} 0 & -1 \\ 1 & 0 \end{pmatrix} \quad = \begin{pmatrix} -1 & 0 \\ 0 & -1 \end{pmatrix} = -E$$

$$K^2 = \begin{pmatrix} 0 & -i \\ -i & 0 \end{pmatrix}\begin{pmatrix} 0 & -i \\ -i & 0 \end{pmatrix} = \begin{pmatrix} -1 & 0 \\ 0 & -1 \end{pmatrix} = -E$$

$$IJ = \begin{pmatrix} i & 0 \\ 0 & -i \end{pmatrix}\begin{pmatrix} 0 & -1 \\ 1 & 0 \end{pmatrix} \quad = \begin{pmatrix} 0 & -i \\ -i & 0 \end{pmatrix} = K$$

$$JK = \begin{pmatrix} 0 & -1 \\ 1 & 0 \end{pmatrix}\begin{pmatrix} 0 & -i \\ -i & 0 \end{pmatrix} \quad = \begin{pmatrix} i & 0 \\ 0 & -i \end{pmatrix} = I$$

$$KI = \begin{pmatrix} 0 & -i \\ -i & 0 \end{pmatrix}\begin{pmatrix} i & 0 \\ 0 & -i \end{pmatrix} \quad = \begin{pmatrix} 0 & -1 \\ 1 & 0 \end{pmatrix} = J$$

僕「確かに、成り立っているなあ！」

ミルカ「このように表現すれば、

$$実数 \rightarrow 複素数 \rightarrow 四元数$$

　という拡張がよくわかる」

$$\underbrace{\underbrace{\underbrace{a}_{\text{実数}} + bi}_{\text{複素数}} + cj + dk}_{\text{四元数}}$$

$$\underbrace{\underbrace{\underbrace{aE}_{\text{実数}} + bI}_{\text{複素数}} + cJ + dK}_{\text{四元数}}$$

僕「逆にいえば、四元数のうち $c = d = 0$ を満たすものが複素数
　　で、$b = c = d = 0$ を満たすものが実数といえるね！」

テトラ「実数と複素数と四元数……もしかして、八元数という拡
　　　張もできるんでしょうか？」

僕「おっ！ さらなる拡張？」

　僕たちは、夢中になって考えを進める。
　計算する。証明する。発表し合い、励まし合う。

　僕は――気付いた。
　思考のためには《沈黙》と《時間》の二つが不可欠。
　それからもう一つ。《仲間》も不可欠だ。
　思考を大きく広げていくためには、仲間が不可欠なんだ。

　　　　　　　　　　"そして、その一歩を踏み出すのは、あなた自身。"

付録：複素数を拡張した《三次元の数》が複素数になることの証明

　第5章で「僕」とユーリは、複素数を拡張した《三次元の数》が構成できないことを議論しました（p. 205 から p. 221）。以下では、別の観点から**代数学の基本定理**を使った証明を紹介します[*]。

代数学の基本定理

n を正の整数とします。
複素数 $C_0, C_1, \ldots, C_{n-1}, C_n$ が与えられ、$C_n \neq 0$ とします。
このとき、z に関する複素数係数 n 次方程式、

$$C_n z^n + C_{n-1} z^{n-1} + \cdots + C_1 z + C_0 = 0$$

は複素数解を持ちます。すなわち、

$$C_n \alpha^n + C_{n-1} \alpha^{n-1} + \cdots + C_1 \alpha + C_0 = 0$$

を満たす複素数 α が存在します。

---

[*] この証明は志賀浩二『複素数 30 講』（参考文献 [9]）をもとにしています。

準備

a, b, c を実数とし、i を虚数単位とします。また特別な数をひとつ決めて j という文字で表します。いま、

$$a + bi + cj$$

で表される数全体の集合に加法と乗法を定義したものを

$$\mathbb{T}$$

と呼び、複素数と同様の計算ができると仮定します。すなわち $\mathbb{T}$ は四則演算で閉じており、零因子は存在せず、和の交換法則と結合法則、積の交換法則と結合法則、ならびに分配法則が成り立つと仮定します。

証明したい命題

$\mathbb{T}$ の任意の要素 t に対し、

$$t = p + qi$$

を満たす実数 p, q が存在します。すなわち t は複素数です。

ここで、$\mathbb{T}$ が四則演算で閉じているとは、$\mathbb{T}$ の要素 s, t に対し、s + t, s − t, st ならびに t ≠ 0 のときの s/t がすべて $\mathbb{T}$ の要素となることです。

証明

t を $\mathbb{T}$ の要素とすると、

$$t = a_1 + b_1 i + c_1 j$$

を満たす実数 a_1, b_1, c_1 が存在します。この t が複素数であることを示しましょう。

$\underline{c_1 = 0 \text{ の場合}}$、$t = a_1 + b_1 i$ となり、t は複素数です。

$\underline{c_1 \neq 0 \text{ の場合}}$、$t = a_1 + b_1 i + c_1 j$ の両辺を c_1 で割って j について解くと、

$$j = \frac{1}{c_1}t - \frac{a_1}{c_1} - \frac{b_1}{c_1}i$$

です。つまり、j は t と i で表せます。さて、t は $\mathbb{T}$ の要素であり、$\mathbb{T}$ は四則演算で閉じているので t^2 も $\mathbb{T}$ の要素になります。よって、

$$t^2 = a_2 + b_2 i + c_2 j$$

を満たす実数 a_2, b_2, c_2 が存在します。j は t と i で表せますから、t^2 も t と i で表せることになります。

$$
\begin{aligned}
t^2 &= a_2 + b_2 i + c_2 j \\
&= a_2 + b_2 i + c_2 \left(\frac{1}{c_1}t - \frac{a_1}{c_1} - \frac{b_1}{c_1}i \right) \\
&= a_2 - \frac{a_1 c_2}{c_1} - \frac{b_1 c_2}{c_1}i + b_2 i + \frac{c_2}{c_1}t
\end{aligned}
$$

これを t について整理すると、

$$t^2 - \frac{c_2}{c_1}t - a_2 + \frac{a_1 c_2}{c_1} + \left(\frac{b_1 c_2}{c_1} - b_2\right)i = 0$$

となります。ここで複素数 C_0, C_1 を、

$$\begin{cases} C_0 = -a_2 + \dfrac{a_1 c_2}{c_1} + \left(\dfrac{b_1 c_2}{c_1} - b_2\right)i \\ C_1 = -\dfrac{c_2}{c_1} \end{cases}$$

と置くと、

$$t^2 + C_1 t + C_0 = 0 \qquad\qquad \cdots\cdots\cdots\cdots\cdots ①$$

になります。すなわち t は、z に関する複素数係数の二次方程式、

$$z^2 + C_1 z + C_0 = 0$$

の解です。代数学の基本定理より、複素数係数の二次方程式 $z^2 + C_1 z + C_0 = 0$ は複素数解を持ちます。その複素数解を α とすると、

$$\alpha^2 + C_1 \alpha + C_0 = 0 \qquad\qquad \cdots\cdots\cdots\cdots\cdots ②$$

が成り立ちます。① $-$ ② を計算すると、

$$(t^2 - \alpha^2) + C_1(t - \alpha) + (C_0 - C_0) = 0$$

となり、整理して因数分解すると、

$$(t - \alpha)(t + \alpha + C_1) = 0$$

になります。$\mathbb{T}$ には零因子が存在しないと仮定したので、

$$t = \underbrace{\alpha}_{\text{複素数}} \quad \text{または} \quad t = \underbrace{-\alpha - C_1}_{\text{複素数}}$$

が成り立ち、t は複素数です。

（証明終わり）

第5章の問題

●問題 5-1 (i, j, k の計算)

本文でミルカさんは「kj = −i, ik = −j もいえる」と言いました（p.229）。本当にいえるのか確かめてください。

(解答は p.306)

●**問題 5-2**（四元数を表す複素行列の積）

本文（p. 248）で「僕」が行った次の計算をやってみましょう。
複素数 $\alpha_1, \beta_1, \alpha_2, \beta_2$ で作った複素行列の積、

$$\begin{pmatrix} \alpha_1 & -\beta_1 \\ \overline{\beta_1} & \overline{\alpha_1} \end{pmatrix} \begin{pmatrix} \alpha_2 & -\beta_2 \\ \overline{\beta_2} & \overline{\alpha_2} \end{pmatrix}$$

を計算して、

$$\begin{pmatrix} \alpha & -\beta \\ \overline{\beta} & \overline{\alpha} \end{pmatrix}$$

という形になったとしましょう。このとき、二つの複素数 α
と β を、複素数 $\alpha_1, \beta_1, \alpha_2, \beta_2$ およびそれらの共役複素数
$\overline{\alpha_1}, \overline{\beta_1}, \overline{\alpha_2}, \overline{\beta_2}$ を使って表してください。

（解答は p. 308）

●**問題 5-3**（四元数の共役と絶対値）

a, b, c を実数とします。四元数 $q = a + bi + cj + dk$ に対して、四元数 q の**共役**$\overline{q}$ を、

$$\overline{q} = \overline{a + bi + cj + dk} = a - bi - cj - dk$$

と定義します。また四元数 q の**絶対値**$|q|$ を

$$|q| = |a + bi + cj + dk| = \sqrt{a^2 + b^2 + c^2 + d^2}$$

と定義します。このとき、四元数 q に対して、

$$q\overline{q} = |q|^2$$

が成り立つことを証明してください。

（解答は p. 309）

エピローグ

ある日、あるとき。数学資料室にて。

少女「先生、これは何？」

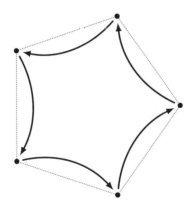

先生「何だと思う？」

少女「傾いた正五角形の頂点を飛び回るもの？」

先生「そうだね。これは、

$$\alpha = \cos\frac{2\pi}{5} + i\sin\frac{2\pi}{5}$$

としたときの $\alpha^0, \alpha^1, \alpha^2, \alpha^3, \alpha^4$ なんだ。$\alpha^0 = 1$ に対して α を掛けるたびに、次の頂点に行く」

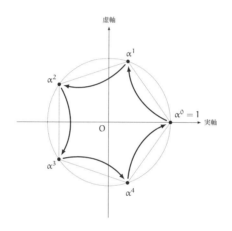

$$\alpha^0 = 1$$
$$\alpha^1 = \alpha$$
$$\alpha^2 = \alpha\alpha$$
$$\alpha^3 = \alpha\alpha\alpha$$
$$\alpha^4 = \alpha\alpha\alpha\alpha$$
$$\alpha^5 = \alpha\alpha\alpha\alpha\alpha = 1 = \alpha^0$$

少女「α を 5 個掛けると 1 に戻ってきます」

先生「その通り。$\alpha^5 = 1$ だからね」

少女「α^2 を掛けていくと、一つ飛ばしになりますね」

先生「うん。$\alpha^0 \to \alpha^2 \to \alpha^4 \to \alpha^6$ と来て、$\alpha^5 = 1$ だから $\alpha^6 = \alpha^1$ になり、$\alpha^1 \to \alpha^3 \to \alpha^5$ で $\alpha^5 = 1 = \alpha^0$ に戻る」

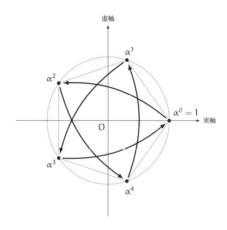

少女「α^3 を掛けていくと、二つ飛ばしになります」

先生「二つ飛ばしは、逆回りの一つ飛ばしにも見える」

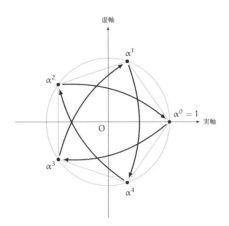

少女「α^4 を掛けていくのも、逆回りです」

先生「α^4 は、α の逆数 $1/\alpha = \alpha^{-1}$ に等しいからね」

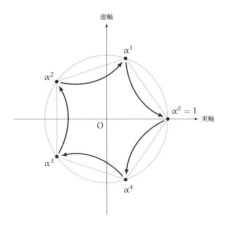

少女「$\alpha^4 = \alpha^{-1}$ なんですか？」

先生「$\alpha^5 = 1$ だから両辺を α で割って、$\alpha^4 = \alpha^{-1}$ になる」

少女「ほんとっすね！」

先生「正五角形なら、$\alpha^1, \alpha^2, \alpha^3, \alpha^4$ をそれぞれ n 乗すると、すべての頂点へ行ける。でも正六角形は違う。複素数 β を、

$$\beta = \cos\frac{2\pi}{6} + i\sin\frac{2\pi}{6}$$

で定めてみればわかる」

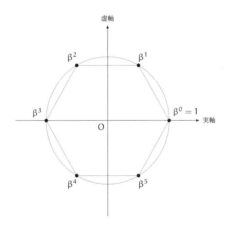

少女「β を n 乗すれば、すべての頂点に行けるっすよ」

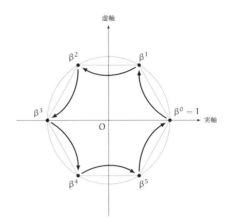

先生「でも β^2 を n 乗しても、$\beta_1, \beta_3, \beta_5$ には行けない」

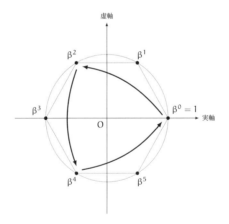

少女「確かにそうですね。β^3 も、すぐに戻ってきちゃいます！」

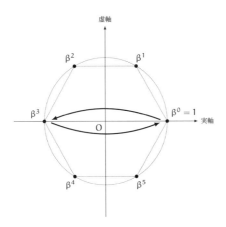

先生「β^2 の逆向きになる β^4 も、$\beta_1, \beta_3, \beta_5$ には行けない」

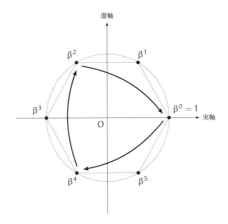

少女「β^5 だったら、すべての頂点に行けますね」

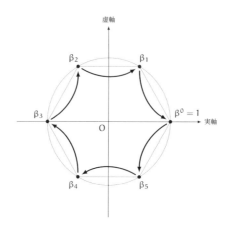

先生「だから、n 乗したときにすべての頂点に行けるのは、正六角形では β^1 と β^5 だけになる」

少女「正六角形では β^1 と β^5 だけ……」

先生「$z = \alpha^0, \alpha^1, \ldots, \alpha^4$ としたとき、$z^0, z^1, z^2, \ldots, z^5$ がどうなるか、表に整理してみよう」

	z^0	z^1	z^2	z^3	z^4	z^5
α^0	α^0	α^0	α^0	α^0	α^0	α^0
α^1	α^0	α^1	α^2	α^3	α^4	α^0
α^2	α^0	α^2	α^4	α^1	α^3	α^0
α^3	α^0	α^3	α^1	α^4	α^2	α^0
α^4	α^0	α^4	α^3	α^2	α^1	α^0

少女「……」

先生「β についても同様の表を作ってみよう」

	z^0	z^1	z^2	z^3	z^4	z^5	z^6
β^0	β^0	β^0	β^0	β^0	β^0	β^0	β^0
β^1	β^0	β^1	β^2	β^3	β^4	β^5	β^0
β^2	β^0	β^2	β^4	β^0	β^2	β^4	β^0
β^3	β^0	β^3	β^0	β^3	β^0	β^3	β^0
β^4	β^0	β^4	β^2	β^0	β^4	β^2	β^0
β^5	β^0	β^5	β^4	β^3	β^2	β^1	β^0

少女「指数に意味がありそうです……」

先生「もしも、複素数 γ を、

$$\gamma = \cos\frac{2\pi}{12} + i\sin\frac{2\pi}{12}$$

とした正十二角形で試したらどうなるだろう」

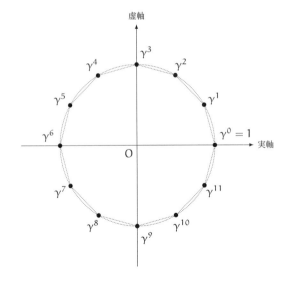

少女「やってみます！……これって、まるで時計みたい！」

　そう言って、少女はさっそく書き始める。
　自分で書き始めること。それが彼女の踏み出す第一歩なのだ。

【解答】
A N S W E R S

第1章の解答

●**問題 1-1**（実数の性質）

①〜⑧のうち、正しいものをすべて挙げてください。

① どんな実数 a に対しても、
$a > 0$ または $a < 0$ が成り立つ。

② どんな実数 a に対しても、$a^2 > 0$ が成り立つ。

③ $x^2 = x$ を満たす実数 x は 0 だけである。

④ 実数 a と b がどちらも 0 より大きいとき、
$a + b > 0$ が成り立つ。

⑤ 実数 a と b がどちらも 0 より小さいとき、
$a + b < 0$ が成り立つ。

⑥ 実数 a が 0 より大きく、実数 b が 0 より小さいとき、
$a - b > 0$ が成り立つ。

⑦ 実数 a と b の積 ab が 0 より小さいとき、
a と b の符号は異なる。

⑧ 実数 a と b の積 ab が 0 に等しいとき、
a と b の少なくとも片方は 0 に等しい。

■**解答 1-1**

① 誤り。$a = 0$ のときは $a > 0$ も $a < 0$ も成り立ちません。
「どんな実数 a に対しても、$a > 0$ または $a < 0$ または $a = 0$

が成り立つ」ならば正しいです。

② 誤り。$a = 0$ の場合には $a^2 = 0$ になり、$a^2 > 0$ は成り立ちません。「どんな実数 a に対しても、$a^2 \geqq 0$ が成り立つ」ならば正しいです。

③ 誤り。$x^2 = x$ を満たす実数は 0 または 1 です。

④ 正しい。

⑤ 正しい。

⑥ 正しい。$b < 0$ のとき $-b > 0$ ですから、
$a - b = a + (-b) > 0$ になります。

⑦ 正しい。$ab < 0$ ということは、「$a > 0$ かつ $b < 0$」または「$a < 0$ かつ $b > 0$」のどちらかなので、a と b の符号は異なることになります。

⑧ 正しい。$ab = 0$ のとき、$a = 0$ または $b = 0$ になり、a と b の少なくとも片方は 0 に等しいといえます。

答　④, ⑤, ⑥, ⑦, ⑧

●**問題 1-2**（数直線と実数）

次の 7 個の実数を、数直線上の点として描きましょう。

$$0, \quad 4.5, \quad -4.5, \quad \sqrt{2}, \quad -\sqrt{2}, \quad \pi, \quad -\pi$$

正確に描けない場合は、おおよその位置でかまいません。
なお、

$$\sqrt{2} = 1.41421356\cdots \qquad 2 乗すると 2 に等しい正の数$$
$$\pi = 3.14159265\cdots \qquad 円周率$$

（バイ）

とします。

■**解答 1-2**

次の通りです。

補足

各点が数直線のどこにあるか、次のことに注意しましょう。

- −4.5 は、−5 と −4 のちょうど中央です。
- 4.5 は、4 と 5 のちょうど中央です。

- $-\pi = -3.14159265\cdots$ は、-3 より左です。
- $\pi = 3.14159265\cdots$ は、3 より右です。
- $-\sqrt{2} = -1.41421356\cdots$ は、-2 と -1 の中央より右です。
- $\sqrt{2} = 1.41421356\cdots$ は、1 と 2 の中央より左です。
- -4.5 と 4.5 は、0 から等距離にあります。
- $-\pi$ と π は、0 から等距離にあります。
- $-\sqrt{2}$ と $\sqrt{2}$ は、0 から等距離にあります。

●問題 1-3（実数の乗算）

実数 a, b の正負に応じて、積 ab の正負がどうなるかを表にまとめましょう。空欄に、

$$ab < 0, \quad ab = 0, \quad ab > 0$$

のいずれかを記入してください。

積 ab	$b < 0$	$b = 0$	$b > 0$
$a > 0$			
$a = 0$			
$a < 0$			

■解答 1-3

次の通りです。

積 ab	$b < 0$	$b = 0$	$b > 0$
$a > 0$	$ab < 0$	$ab = 0$	$ab > 0$
$a = 0$	$ab = 0$	$ab = 0$	$ab = 0$
$a < 0$	$ab > 0$	$ab = 0$	$ab < 0$

●**問題 1-4**（数直線と実数）

数直線上の点として表されている 6 個の実数 A, B, C, D, E, F があります。このうち、㋐～㋕の条件を満たすものをそれぞれすべて挙げてください。

㋐ 2 乗すると値が大きくなる実数

㋑ 2 乗すると値が 4 より大きくなる実数

㋒ 2 乗すると値が 1 より小さくなる実数

㋓ 2 を掛けると値が大きくなる実数

㋔ −1 を掛けても値が変わらない実数

㋕ 2 乗すると値が 0 より大きくなる実数

■**解答 1-4**

㋐ A, B, C, E, F です。2 乗すると値が大きくなる実数は、0 より小さい実数か、1 より大きい実数だからです。

⑦ A, F です。2 乗すると値が $4 = 2^2$ より大きくなる実数は、-2 より小さい実数か、2 より大きい実数だからです。

⑦ C, D です。2 乗すると値が 1 より小さくなる実数は、-1 より大きくて 1 より小さい実数だからです。

㊀ D, E, F です。2 を掛けると値が大きくなる実数は、0 より大きい実数だからです。

㊵ ありません。-1 を掛けても値が変わらない実数は 0 のみだからです。

㊲ A, B, C, D, E, F です。0 以外の実数はすべて、2 乗すると値が 0 より大きくなるからです。

第2章の解答

●**問題 2-1**（複素数の計算）

①〜⑤を計算しましょう。

① $1 + 2$
② $i + 2i$
③ $(1 + 2i) + (3 - 4i)$
④ $2(1 + 2i)$
⑤ $\frac{1}{2}(2 + 2i)$

■**解答 2-1**

① $1 + 2 = 3$
② $i + 2i = 3i$
③ $(1 + 2i) + (3 - 4i) = (1 + 3) + (2 - 4)i = 4 - 2i$
④ $2(1 + 2i) = 2 \times 1 + 2 \times 2i = 2 + 4i$
⑤ $\frac{1}{2}(2 + 2i) = \frac{1}{2} \times 2 + \frac{1}{2} \times 2i = 1 + i$

補足

$\frac{1}{2}(2 + 2i)$ は、複素平面上で「原点と $2 + 2i$ とを結ぶ線分の中点」ともいえますし、「2 と $2i$ とを結ぶ線分の中点」ともいえます。

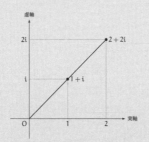

原点と $2 + 2i$ とを結ぶ線分の中点

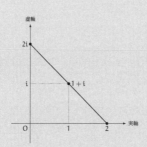

2 と $2i$ とを結ぶ線分の中点

●**問題 2-2**（複素数の性質）

①～④のうち、正しいものをすべて挙げてください。

① どんな複素数 z に対しても、
　 $z = 0$ または $z \neq 0$ が成り立つ。

② どんな複素数 z に対しても、$z - z = 0$ が成り立つ。

③ どんな複素数 z に対しても、$|z| > 0$ が成り立つ。

④ どんな複素数 z に対しても、$0z = 0$ が成り立つ。

■解答 2-2

① 正しい。$z = a + bi$ として、

- $a = 0$ と $b = 0$ の両方が成り立つとき、
  $z = 0$ が成り立ちます。
- $a = 0$ と $b = 0$ のどちらか片方（あるいは両方）が成り立たないとき、
  $z \neq 0$ が成り立ちます。

② 正しい。$z = a + bi$ としたとき、以下のような計算で $z - z = 0$ が成り立つことがわかります。

$$
\begin{aligned}
z - z &= z + (-z) \\
&= (a + bi) + (-(a + bi)) \\
&= (a + bi) + (-a - bi) \\
&= a + bi - a - bi \\
&= (a - a) + (b - b)i \\
&= 0 + 0i \\
&= 0
\end{aligned}
$$

③ 誤り。$z = 0$ のとき、$|z| = 0$ なので $|z| > 0$ は成り立ちません。「どんな複素数 z に対しても、$|z| \geqq 0$ が成り立つ。」ならば正しいです。

④ 正しい。$z = a + bi$ としたとき、$0z = 0(a + bi) = 0a + (0b)i = 0 + 0i = 0$ により、$0z = 0$ が成り立ちます。

答 ①, ②, ④

補足

z を複素数としたとき、z と 0 との大小比較ができるとは限りません。しかし、|z| と 0 との大小比較は必ずできます。複素数 z の絶対値 |z| は実数だからです。

●問題 2-3（複素平面と複素数）

図のように複素平面上の点として表されている 9 個の複素数 A, B, C, D, E, F, G, H, O があります。これらの複素数を、絶対値が $\sqrt{2}$ に等しいか、大きいか、小さいかで三種類に分類してください。

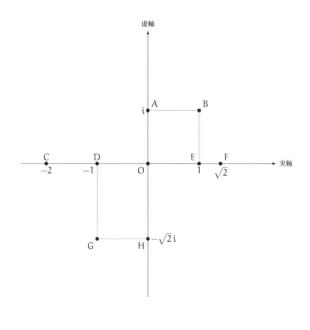

■解答 2-3

複素数 $a + bi$ の絶対値は $\sqrt{a^2 + b^2}$ で求めることができますので、その値が $\sqrt{2}$ に等しいか、大きいか、小さいかを判断します。

$$|A| = |0 + i| = \sqrt{0^2 + 1^2} = 1 < \sqrt{2}$$

$$|B| = |1 + i| = \sqrt{1^2 + 1^2} = \sqrt{2}$$

$$|C| = |-2 + 0i| = \sqrt{(-2)^2 + 0^2} = 2 > \sqrt{2}$$

$$|D| = |-1 + 0i| = \sqrt{(-1)^2 + 0^2} = 1 < \sqrt{2}$$

$$|E| = |1 + 0i| = \sqrt{1^2 + 0^2} = 1 < \sqrt{2}$$

$$|F| = |\sqrt{2} + 0i| = \sqrt{(\sqrt{2})^2 + 0^2} = \sqrt{2}$$

$$|G| = |-1 - \sqrt{2}i| = \sqrt{(-1)^2 + (-\sqrt{2})^2} = \sqrt{3} > \sqrt{2}$$

$$|H| = |0 - \sqrt{2}i| = \sqrt{0^2 + (-\sqrt{2})^2} = \sqrt{2}$$

$$|O| = |0 + 0i| = \sqrt{0^2 + 0^2} = 0 < \sqrt{2}$$

したがって、以下のように分類できます。

- 絶対値が $\sqrt{2}$ に等しい複素数は、B, F, H です。
- 絶対値が $\sqrt{2}$ より大きい複素数は、C, G です。
- 絶対値が $\sqrt{2}$ より小さい複素数は、A, D, E, O です。

補足

この問題の分類は、複素平面上に描いた「原点が中心で半径が $\sqrt{2}$ の円」との位置関係で表現できます。

- 絶対値が $\sqrt{2}$ に等しい複素数 B, F, H は円周上にあります。
- 絶対値が $\sqrt{2}$ より大きい複素数 C, G は円の外部にあります。
- 絶対値が $\sqrt{2}$ より小さい複素数 A, D, E, O は円の内部にあります。

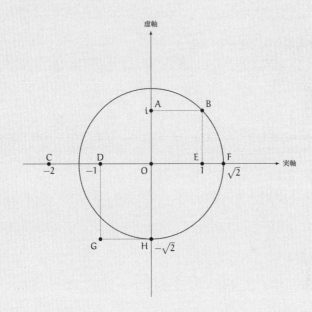

第3章の解答

●**問題 3-1**（複素数の積）

与えられた二数の積を計算し、得られた複素数の実部と虚部
を答えてください。

⑦ $1 + 2i$ と i
④ $-\sqrt{2}i$ と $\sqrt{2} - i$
⑦ $1 + 2i$ と $3 - 4i$
⑨ $\frac{1}{2}(1 + \sqrt{3}i)$ と $\frac{1}{2}(1 - \sqrt{3}i)$
⑧ $a + bi$ と $c + di$（a, b, c, d は実数とします）

■**解答 3-1**

⑦ $1 + 2i$ と i

$$
\begin{aligned}
(1 + 2i)i &= i + 2ii \\
&= i - 2 \\
&= -2 + i
\end{aligned}
$$

答　実部 -2　虚部 1

㋑ $-\sqrt{2}\,i$ と $\sqrt{2}-i$

$$-\sqrt{2}\,i(\sqrt{2}-i) = -\sqrt{2}\,i\sqrt{2} - \sqrt{2}\,i\,(-i)$$
$$= -2i + \sqrt{2}\,ii$$
$$= -2i - \sqrt{2}$$
$$= -\sqrt{2} - 2i$$

答　実部 $-\sqrt{2}$　虚部 -2

㋒ $1 + 2i$ と $3 - 4i$

$$(1+2i)(3-4i) = 1 \times (3-4i) + 2i \times (3-4i)$$
$$= 3 - 4i + 6i - 8ii$$
$$= 3 - 4i + 6i - 8i^2$$
$$= 3 - 4i + 6i + 8$$
$$= 11 + 2i$$

答　実部 11　虚部 2

㋓ $\frac{1}{2}(1 + \sqrt{3}i)$ と $\frac{1}{2}(1 - \sqrt{3}i)$

$$\frac{1}{2}(1 + \sqrt{3}i)\,\frac{1}{2}(1 - \sqrt{3}i) = \frac{1}{4}(1 \times 1 - \sqrt{3}i + \sqrt{3}i - \sqrt{3}\sqrt{3}ii)$$
$$= \frac{1}{4}(1 - 3i^2)$$
$$= \frac{1}{4}(1 + 3)$$
$$= 1$$

$$答　実部 1　虚部 0$$

㋑ $a + bi$ と $c + di$ （a, b, c, d は実数とします）

$$(a + bi)(c + di) = (a + bi)c + (a + bi)di$$
$$= ac + bic + adi + bidi$$
$$= ac + bci + adi + bdii$$
$$= ac + bci + adi - bd$$
$$= (ac - bd) + (ad + bc)i$$

$$答　実部 ac - bd　虚部 ad + bc$$

補足

　㋔は、絶対値が 1 で互いに複素共役な二数の積ですから、すぐに 1 だとわかります。

●**問題 3-2**（共役複素数の性質）

①〜⑥のうち、正しいものをすべて挙げてください。

- $\bar{z}$ は複素数 z の共役複素数を表します。
- $|z|$ は複素数 z の絶対値を表します。

① $\overline{a + bi} = a - bi$　（a, b は実数）
② $\overline{a - bi} = a + bi$　（a, b は実数）
③ $\overline{-z} = -\bar{z}$
④ $|\bar{z}| = |z|$
⑤ $\overline{|z|} = |z|$
⑥ $z\bar{z} \geqq 0$

■**解答 3-2**

① 正しい。$a + bi$ の共役複素数は $a - bi$ です。
② 正しい。$a - bi$ の共役複素数は $a - (-b)i = a + bi$ です。
③ 正しい。$z = a + bi$ として次のように確かめられます。

$$\begin{aligned}
\overline{-z} &= \overline{-(a + bi)} \\
&= \overline{-a - bi} \\
&= -a + bi \\
&= -(a - bi) \\
&= -\bar{z}
\end{aligned}$$

④ 正しい。$z = a + bi$ としたとき、$|\bar{z}|$ と $|z|$ はいずれも $\sqrt{a^2 + b^2}$ です。

⑤ 正しい。$|z|$ は実数です。r を実数として $|z| = r + 0i$ と置く
　と、$\overline{|z|} = \overline{r + 0i} = r - 0i = r = |z|$ です。一般に、実数の共
　役複素数はその実数自身になります。

⑥ 正しい。a, b を実数として $z = a + bi$ と置くと、$z\bar{z} = (a + bi)(a - bi) = a^2 + b^2 \geqq 0$ がいえます。

答　①,②,③,④,⑤,⑥

補足

　次のように㋐と㋑を定めます。

㋐ 《点を、原点を中心として $180°$ 回転すること》
㋑ 《点を、実軸を対称軸として上下を反転すること》

　すると $\overline{-z} = -\bar{z}$ は、

- ㋐を行ってから㋑を行うことと、
- ㋑を行ってから㋐を行うことは等価である

という主張になります。

　また $|\bar{z}| = |z|$ は、㋑を行っても、原点からの距離は変わらない
という主張になります。

●**問題 3-3**（極形式）

㋐〜㋖の複素数を複素平面の点として描いてください。

㋐ 絶対値が 1 で、偏角が 180° の複素数
㋑ 絶対値が 2 で、偏角が 270° の複素数
㋒ 絶対値が $\sqrt{2}$ で、偏角が 45° の複素数
㋓ 絶対値が 1 で、偏角が 30° の複素数
㋔ 絶対値が 2 で、偏角が 30° の複素数
㋕ 絶対値が 2 で、偏角が −30° の複素数
㋖ 絶対値が 1 で、偏角が 120° の複素数

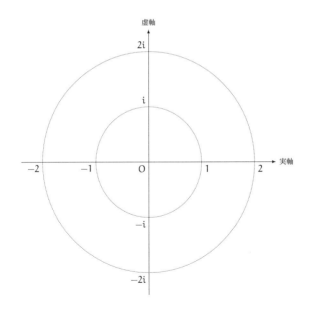

■解答 3-3

次の通りです。

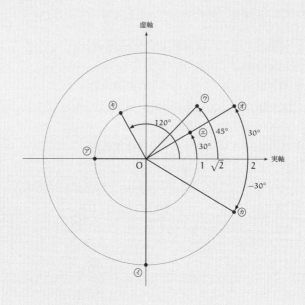

補足

なお、各複素数を実部と虚部を使って表すと次のようになります。

⑦ 絶対値が 1 で、偏角が 180° の複素数は -1

④ 絶対値が 2 で、偏角が 270° の複素数は $-2i$

⑦ 絶対値が $\sqrt{2}$ で、偏角が 45° の複素数は $1+i$

⑤ 絶対値が 1 で、偏角が 30° の複素数は $\frac{1}{2}(\sqrt{3}+i)$

⑦ 絶対値が 2 で、偏角が 30° の複素数は $\sqrt{3}+i$

⑦ 絶対値が 2 で、偏角が $-30°$ の複素数は $\sqrt{3}-i$

㋖　絶対値が 1 で、偏角が 120° の複素数は $\frac{1}{2}(-1+\sqrt{3}\,i)$

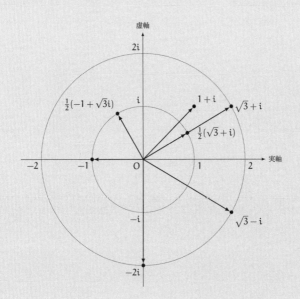

●**問題 3-4**（二次方程式の解）

a, b, c は実数で $a \neq 0$ とします。また $b^2 - 4ac < 0$ とします。このとき x に関する二次方程式、

$$ax^2 + bx + c = 0$$

の二つの解は、互いに複素共役であることを示してください。二次方程式の解の公式を使ってもかまいません。

■解答 3-4

二次方程式の解の公式から、$ax^2 + bx + c = 0$ の二つの解は、

$$\frac{-b \pm \sqrt{b^2 - 4ac}}{2a}$$

すなわち、

$$\frac{-b}{2a} + \frac{\sqrt{b^2 - 4ac}}{2a} \quad および \quad \frac{-b}{2a} - \frac{\sqrt{b^2 - 4ac}}{2a}$$

で得られます。$D = b^2 - 4ac$ と置くと $D < 0$ ですから、

$$\sqrt{b^2 - 4ac} = \sqrt{D} = \sqrt{-D}\,i$$

がいえます。$-D > 0$ なので $\sqrt{-D}$ は実数です。いま A と B を、

$$A = \frac{-b}{2a}, \quad B = \frac{\sqrt{-D}}{2a}$$

で定めると、A, B はいずれも実数となります。このとき、二次方程式の二つの解は、

$$A + Bi \quad および \quad A - Bi$$

と表せるので、互いに複素共役です。

（証明終わり）

別解

与えられた二次方程式 $ax^2 + bx + c = 0$ の一つの解を α とすると、$a\alpha^2 + b\alpha + c = 0$ が成り立ちます。ここで、$ax^2 + bx + c$ の x に $\overline{\alpha}$ を代入します。

$$\begin{aligned}
a\overline{\alpha}^2 + b\overline{\alpha} + c &= \overline{a}\,\overline{\alpha}^2 + \overline{b}\,\overline{\alpha} + \overline{c} \\
&= \overline{a\alpha^2} + \overline{b\alpha} + \overline{c} \\
&= \overline{a\alpha^2 + b\alpha + c} \\
&= \overline{0} \\
&= 0
\end{aligned}$$

すなわち、$\overline{\alpha}$ も二次方程式 $ax^2 + bx + c = 0$ の解になります。判別式 $b^2 - 4ac$ が負であることから、α は虚数で、$\alpha \neq \overline{\alpha}$ です。したがって、互いに複素共役な α と $\overline{\alpha}$ は与えられた二次方程式の二つの解に他なりません。

（証明終わり）

●**問題 3-5**（極形式で表す）

0 以外の複素数を極形式で表しましょう。すなわち、実数 a, b, θ と正の実数 r に対して、

$$a + bi = r(\cos\theta + i\sin\theta)$$

が成り立っているとき、r と $\cos\theta$ と $\sin\theta$ をそれぞれ a と b を使って表してください。

■**解答 3-5**

複素数の絶対値を求めます。

$$|a + bi| = \sqrt{a^2 + b^2}$$

$$|r(\cos\theta + i\sin\theta)| = r$$

したがって、

$$r = \sqrt{a^2 + b^2}$$

がいえます。これを使うと、

$$a + bi = \sqrt{a^2 + b^2}(\cos\theta + i\sin\theta)$$

が成り立ちます。右辺を展開して、

$$a + bi = \sqrt{a^2 + b^2}\cos\theta + i\sqrt{a^2 + b^2}\sin\theta$$

となります。両辺の実部と虚部がそれぞれ等しいことから、

$$a = \sqrt{a^2 + b^2}\cos\theta$$

$$b = \sqrt{a^2 + b^2}\sin\theta$$

がいえます。以上より、

$$r = \sqrt{a^2 + b^2}$$

$$\cos\theta = \frac{a}{\sqrt{a^2 + b^2}}$$

$$\sin\theta = \frac{b}{\sqrt{a^2 + b^2}}$$

が得られました。

補足

第 2 章には、0 以外の複素数をその絶対値で割って、複素数の

《向き》を取り出すという話題がありました（p. 92）。取り出した
《向き》を表す複素数の実部と虚部は、それぞれ $\cos\theta$ と $\sin\theta$ で
あることがわかります。

$$\frac{a+bi}{|a+bi|} = \underbrace{\frac{a}{\sqrt{a^2+b^2}}}_{\cos\theta} + \underbrace{\frac{b}{\sqrt{a^2+b^2}}}_{\sin\theta} i = \cos\theta + i\sin\theta$$

第4章の解答

●**問題 4-1**（正 n 角形の頂点）

複素平面上、単位円に内接する正 n 角形の頂点の一つを 1 に置きます。このとき、頂点にある複素数 n 個を求めてください。ただし n は 3 以上の整数とします。三角関数を用いてかまいません。

■**解答 4-1**

p. 152 と同様に考えて、頂点にある複素数の偏角は、

$$\frac{2\pi k}{n} \qquad (k = 0, 1, 2, \ldots, n-1)$$

です。したがって頂点の複素数は、

$$\cos\frac{2\pi k}{n} + i\sin\frac{2\pi k}{n} \qquad (k = 0, 1, 2, \ldots, n-1)$$

になります。

●**問題 4-2**（正五角形の頂点）

複素平面上、単位円に内接する正五角形の頂点の一つを 1 に置き、その 5 個の頂点にある複素数を、

$$\alpha_0 = 1, \quad \alpha_1, \quad \alpha_2, \quad \alpha_3, \quad \alpha_4$$

とします（図 A）。また、単位円に内接する正五角形の頂点の一つを i に置き、その 5 個の頂点にある複素数を、

$$\beta_0 = i, \quad \beta_1, \quad \beta_2, \quad \beta_3, \quad \beta_4$$

とします（図 B）。このとき、複素数 $\beta_0, \beta_1, \ldots, \beta_4$ のそれぞれを $\alpha_0, \alpha_1, \ldots, \alpha_4$ を使って表してください。

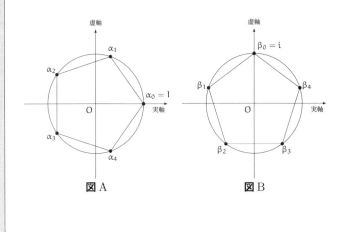

図 A　　　　　　図 B

■**解答 4-2**

　図 B の正五角形は、図 A の正五角形を原点中心で反時計回りに 90° 回転させたものです。よって、図 A の正五角形の各頂点に

ある複素数に i を掛けて、図 B の正五角形の頂点を得ることがで
きます。

$$\underline{答\quad \beta_n = i\alpha_n \quad (n = 0, 1, 2, 3, 4)}$$

●問題 4-3（頂点の和）

本文で、複素平面上に描いた正五角形の 5 個の頂点にある複
素数を次のように求めました。

$$
\begin{cases}
\alpha_0 = 1 \\[2mm]
\alpha_1 = \dfrac{-1+\sqrt{5}}{4} + i\dfrac{\sqrt{10+2\sqrt{5}}}{4} \\[4mm]
\alpha_2 = \dfrac{-1-\sqrt{5}}{4} + i\dfrac{\sqrt{10-2\sqrt{5}}}{4} \\[4mm]
\alpha_3 = \dfrac{-1-\sqrt{5}}{4} - i\dfrac{\sqrt{10-2\sqrt{5}}}{4} \\[4mm]
\alpha_4 = \dfrac{-1+\sqrt{5}}{4} - i\dfrac{\sqrt{10+2\sqrt{5}}}{4}
\end{cases}
$$

では、この 5 個の複素数の和、

$$\alpha_0 + \alpha_1 + \alpha_2 + \alpha_3 + \alpha_4$$

を求めてください。

■解答 4-3

複素数 $\alpha_1, \alpha_2, \alpha_3, \alpha_4$ は次のように書けます。

$$\alpha_1 = -\frac{1}{4} + \frac{\sqrt{5}}{4} + i\frac{\sqrt{10+2\sqrt{5}}}{4}$$

$$\alpha_2 = -\frac{1}{4} - \frac{\sqrt{5}}{4} + i\frac{\sqrt{10-2\sqrt{5}}}{4}$$

$$\alpha_3 = -\frac{1}{4} - \frac{\sqrt{5}}{4} - i\frac{\sqrt{10-2\sqrt{5}}}{4}$$

$$\alpha_4 = -\frac{1}{4} + \frac{\sqrt{5}}{4} - i\frac{\sqrt{10+2\sqrt{5}}}{4}$$

プラス + とマイナス − で相殺する項を考えて和を求めると、

$$\alpha_0 + \alpha_1 + \alpha_2 + \alpha_3 + \alpha_4 = 1 - \frac{1}{4} - \frac{1}{4} - \frac{1}{4} - \frac{1}{4}$$
$$= 0$$

になります。

答　0

別解 1

　複素数 $\alpha_0, \alpha_1, \alpha_2, \alpha_3, \alpha_4$ をそれぞれ平面ベクトルと考えて、次ページの上図左から上図右のように平行移動すると、一つのベクトルの始点から 5 個のベクトルすべてをたどってもとの点まで一回りします。ですからベクトルの和は零ベクトルとなり、複素数の和は 0 になります。

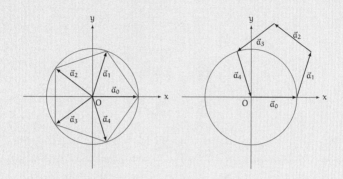

答 0

別解 2

　図形の対称性を考えると、原点を中心に持つ円に内接する正五角形の重心は、円の中心すなわち原点に一致します。正五角形の重心は、

$$\frac{\alpha_0 + \alpha_1 + \alpha_2 + \alpha_3 + \alpha_4}{5}$$

になるので、これが原点に一致することから、

$$\frac{\alpha_0 + \alpha_1 + \alpha_2 + \alpha_3 + \alpha_4}{5} = 0$$

が成り立ちます。よって、

$$\alpha_0 + \alpha_1 + \alpha_2 + \alpha_3 + \alpha_4 = 0$$

が得られました。

答 0

別解 3

p. 158 から、α_1 は四次方程式 $z^4 + z^3 + z^2 + z + 1 = 0$ の解の一つです。したがって、

$$\alpha_1^4 + \alpha_1^3 + \alpha_1^2 + \alpha_1 + 1 = 0$$

が成り立ちます。ここで、

$$\alpha_1^2 = \alpha_2, \quad \alpha_1^3 = \alpha_3, \quad \alpha_1^4 = \alpha_4$$

なので、

$$\alpha_4 + \alpha_3 + \alpha_2 + \alpha_1 + 1 = 0$$

がいえます。$\alpha_0 = 1$ ですから、

$$\alpha_4 + \alpha_3 + \alpha_2 + \alpha_1 + \alpha_0 = \alpha_0 + \alpha_1 + \alpha_2 + \alpha_3 + \alpha_4$$
$$= 0$$

がいえました。

答 0

●問題 4-4 （共役複素数①）

a, b, c は実数で、$a \neq 0$ とします。二次方程式、

$$ax^2 + bx + c = 0$$

が二つの解 α, β を持つとします（重解の場合には $\alpha = \beta$）。このとき、$\overline{\alpha} = \beta$ であるといえますか。

■解答 4-4

いえません。

（証明）$a = 1$, $b = -3$, $c = 2$ が反例です。二次方程式
$x^2 - 3x + 2 = 0$ の二つの解は 1 と 2 です。いま、

$$\alpha = 1, \quad \beta = 2$$

としたとき、

$$\overline{\alpha} = \overline{1} = 1 \neq 2 = \beta$$

ですので、

$$\overline{\alpha} \neq \beta$$

です。（証明終わり）

補足

- 二次方程式の解が、二つの異なる実数のとき、
  $\overline{\alpha} \neq \beta$ です。
- 二次方程式の解が、一つの実数（重解）のとき、
  $\overline{\alpha} = \beta$ です。
- 二次方程式の解が、互いに複素共役な二つの虚数のとき、
  $\overline{\alpha} = \beta$ です。

●**問題 4-5**（共役複素数②）

a, b, c は実数で、$a \neq 0$ とします。複素数 β が、

$$a\beta^2 + b\beta + c = 0$$

を満たすとき、β の共役複素数 $\overline{\beta}$ は、

$$a\overline{\beta}^2 + b\overline{\beta} + c = 0$$

を満たすといえますか。

■**解答 4-5**

いえます。

（証明）「$a\beta^2 + b\beta + c = 0$ ならば $a\overline{\beta}^2 + b\overline{\beta} + c = 0$ である」
を P と呼ぶことにします。

$\underline{\beta\ \text{が実数のとき}}$、$\overline{\beta} = \beta$ ですので、P は成り立ちます。

$\underline{\beta\ \text{が虚数のとき}}$、二次方程式の解の公式より、$\beta$ が二次方程式
の解ならば、$\overline{\beta}$ はもう一つの解になります。したがって、P は成
り立ちます。

よって、複素数 β に対して、P は成り立ちます。（証明終わり）

補足

問題 4-4 と問題 4-5 の違いに注意しましょう。

二次方程式 $ax^2 + bx + c = 0\,(a \neq 0)$ に対して、$D = b^2 - 4ac$
をこの二次方程式の判別式といいます。（判別式は二次方程式の
解の公式で $\sqrt{\ }$ の中に現れる式です）。

二次方程式の解は、判別式 D の正負に応じて次のいずれかにな

ります。

D > 0 の場合　解は、異なる二つの実数になります。

D = 0 の場合　解は、一つの実数になります（重解）。

D < 0 の場合　解は、異なる二つの虚数になります（共役複素数）。

　解を複素平面に描くと、次のようになります。

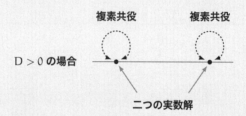

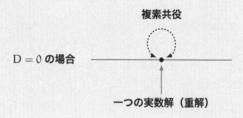

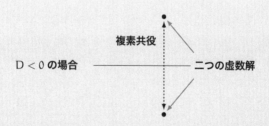

　問題4-4は「異なる二つの解が互いに複素共役である」かどう
かを問うています。図からもわかるように「異なる二つの解が互
いに複素共役である」といえるのは、$D < 0$のときだけです。
　問題4-5は「一つの解の共役複素数も解である」かどうかを問
うています。図からもわかるように、どんな場合でも「一つの解
の共役複素数も解である」といえます。

第5章の解答

●**問題 5-1**（i, j, k の計算）

本文でミルカさんは「$kj = -i, ik = -j$ もいえる」と言いました（p. 229）。本当にいえるのか確かめてください。

■**解答 5-1**

$$
\begin{aligned}
kj &= k(ki) && ki = j \text{ だから} \\
&= (kk)i && \text{結合法則から} \\
&= (k^2)i && kk = k^2 \text{ だから} \\
&= (-1)i && k^2 = -1 \text{ だから} \\
&= -i
\end{aligned}
$$

$$
\begin{aligned}
ik &= i(ij) && ij = k \text{ だから} \\
&= (ii)j && \text{結合法則から} \\
&= (i^2)j && ii = i^2 \text{ だから} \\
&= (-1)j && i^2 = -1 \text{ だから} \\
&= -j
\end{aligned}
$$

補足

　$kj = -i$ と $ik = -j$ の計算は、「僕」が p. 229 で行った $ji = -k$ を示す次の計算の文字を規則的に置き換えても得られます。

$$ji = j(jk) \qquad\qquad jk = i \text{ だから}$$
$$= (jj)k \qquad\qquad 結合法則から$$
$$= (j^2)k \qquad\qquad jj = j^2 \text{ だから}$$
$$= (-1)k \qquad\qquad j^2 = -1 \text{ だから}$$
$$= -k$$

すなわち、kj を求めるには、

$$
\begin{array}{ccc}
i & j & k \\
\downarrow & \downarrow & \downarrow \\
j & k & i
\end{array}
$$

のように置き換え、ik を求めるには、

$$
\begin{array}{ccc}
i & j & k \\
\downarrow & \downarrow & \downarrow \\
k & i & j
\end{array}
$$

のように置き換えるのです。

●**問題 5-2**（四元数を表す複素行列の積）

本文（p. 248）で「僕」が行った次の計算をやってみましょう。
複素数 $\alpha_1, \beta_1, \alpha_2, \beta_2$ で作った複素行列の積、

$$\begin{pmatrix} \alpha_1 & -\beta_1 \\ \overline{\beta_1} & \overline{\alpha_1} \end{pmatrix} \begin{pmatrix} \alpha_2 & -\beta_2 \\ \overline{\beta_2} & \overline{\alpha_2} \end{pmatrix}$$

を計算して、

$$\begin{pmatrix} \alpha & -\beta \\ \overline{\beta} & \overline{\alpha} \end{pmatrix}$$

という形になったとしましょう。このとき、二つの複素数 α
と β を、複素数 $\alpha_1, \beta_1, \alpha_2, \beta_2$ およびそれらの共役複素数
$\overline{\alpha_1}, \overline{\beta_1}, \overline{\alpha_2}, \overline{\beta_2}$ を使って表してください。

■**解答 5-2**

複素数 α, β に対して、

$$\overline{\alpha + \beta} = \overline{\alpha} + \overline{\beta} \quad \text{および} \quad \overline{\alpha\beta} = \overline{\alpha}\,\overline{\beta}$$

が成り立つことを使って、計算を進めます。

$$\begin{pmatrix} \alpha_1 & -\beta_1 \\ \overline{\beta_1} & \overline{\alpha_1} \end{pmatrix} \begin{pmatrix} \alpha_2 & -\beta_2 \\ \overline{\beta_2} & \overline{\alpha_2} \end{pmatrix} = \begin{pmatrix} \alpha_1\alpha_2 - \beta_1\overline{\beta_2} & -(\alpha_1\beta_2 + \beta_1\overline{\alpha_2}) \\ \overline{\alpha_1}\overline{\beta_2} + \overline{\beta_1}\alpha_2 & \overline{\alpha_1}\overline{\alpha_2} - \overline{\beta_1}\beta_2 \end{pmatrix}$$

$$= \begin{pmatrix} \alpha_1\alpha_2 - \beta_1\overline{\beta_2} & -(\alpha_1\beta_2 + \beta_1\overline{\alpha_2}) \\ \overline{\alpha_1\beta_2 + \beta_1\overline{\alpha_2}} & \overline{\alpha_1\alpha_2 - \beta_1\overline{\beta_2}} \end{pmatrix}$$

ここで、$\alpha = \alpha_1\alpha_2 - \beta_1\overline{\beta_2}$ および $\beta = \alpha_1\beta_2 + \beta_1\overline{\alpha_2}$ と置けば、
確かに、

$$\begin{pmatrix} \alpha_1 & -\beta_1 \\ \overline{\beta_1} & \overline{\alpha_1} \end{pmatrix} \begin{pmatrix} \alpha_2 & -\beta_2 \\ \overline{\beta_2} & \overline{\alpha_2} \end{pmatrix} = \begin{pmatrix} \alpha_1\alpha_2 - \beta_1\overline{\beta_2} & -(\alpha_1\beta_2 + \beta_1\overline{\alpha_2}) \\ \overline{\alpha_1\beta_2 + \beta_1\overline{\alpha_2}} & \overline{\alpha_1\alpha_2 - \beta_1\overline{\beta_2}} \end{pmatrix}$$

$$= \begin{pmatrix} \alpha & -\beta \\ \overline{\beta} & \overline{\alpha} \end{pmatrix}$$

が成り立つことがわかります。

●**問題 5-3**（四元数の共役と絶対値）

a, b, c を実数とします。四元数 $q = a + bi + cj + dk$ に対して、四元数 q の**共役**$\overline{q}$ を、

$$\overline{q} = \overline{a + bi + cj + dk} = a - bi - cj - dk$$

と定義します。また四元数 q の**絶対値**$|q|$ を

$$|q| = |a + bi + cj + dk| = \sqrt{a^2 + b^2 + c^2 + d^2}$$

と定義します。このとき、四元数 q に対して、

$$q\overline{q} = |q|^2$$

が成り立つことを証明してください。

■**解答 5-3**

（証明）

次の点に注意して $q\overline{q}$ を計算します。

- 実数同士では積の交換ができる。
- 実数と i, j, k との間では積の交換ができる。

- i, j, k 同士で積の交換をすると符号が反転する。
- $i^2 = -1$, $j^2 = -1$, $k^2 = -1$ が成り立つ。

$q\overline{q} = (a + bi + cj + dk)\overline{(a + bi + cj + dk)}$

$= (a + bi + cj + dk)(a - bi - cj - dk)$

$= a(a - bi - cj - dk) + bi(a - bi - cj - dk)$

$\quad + cj(a - bi - cj - dk) + dk(a - bi - cj - dk)$

$\begin{aligned}
= \quad & (a)(a) \ + \ (a)(-bi) \ + \ (a)(-cj) \ + \ (a)(-dk) \\
+ \ & (bi)(a) \ + \ (bi)(-bi) \ + \ (bi)(-cj) \ + \ (bi)(-dk) \\
+ \ & (cj)(a) \ + \ (cj)(-bi) \ + \ (cj)(-cj) \ + \ (cj)(-dk) \\
+ \ & (dk)(a) \ + \ (dk)(-bi) \ + \ (dk)(-cj) \ + \ (dk)(-dk)
\end{aligned}$

$\begin{aligned}
= \quad & aa \ - \ abi \ - \ acj \ - \ adk \\
+ \ & abi \ - \ bbii \ - \ bcij \ - \ bdik \qquad 積の交換 \\
+ \ & acj \ - \ bcji \ - \ ccjj \ - \ cdjk \qquad 積の交換 \\
+ \ & adk \ - \ bdki \ - \ cdkj \ - \ ddkk \qquad 積の交換
\end{aligned}$

$\begin{aligned}
= \quad & aa \ - \ abi \ - \ acj \ - \ adk \\
+ \ & abi \ - \ bbi^2 \ - \ bcij \ - \ bdik \\
+ \ & acj \ + \ bcij \ - \ ccj^2 \ - \ cdjk \qquad 符号の反転 \\
+ \ & adk \ + \ bdik \ + \ cdjk \ - \ ddk^2 \qquad 符号の反転
\end{aligned}$

$\begin{aligned}
= \quad & aa \ - \ \cancel{abi} \ - \ \cancel{acj} \ - \ \cancel{adk} \\
+ \ & \cancel{abi} \ + \ bb \ - \ \cancel{bcij} \ + \ \cancel{bdik} \qquad i^2 = -1 \ より \\
+ \ & \cancel{acj} \ + \ \cancel{bcij} \ + \ cc \ - \ \cancel{cdjk} \qquad j^2 = -1 \ より \\
+ \ & \cancel{adk} \ + \ \cancel{bdik} \ + \ \cancel{cdjk} \ + \ dd \qquad k^2 = -1 \ より
\end{aligned}$

$= aa + bb + cc + dd$

$= \left(\sqrt{a^2 + b^2 + c^2 + d^2}\right)^2$

$= |a + bi + cj + dk|^2$

$= |q|^2$

よって、

$$q\overline{q} = |q|^2$$

が成り立ちます。

（証明終わり）

もっと考えたいあなたのために

　本書の数学トークに加わって「もっと考えたい」というあなたのために、研究問題を以下に挙げます。解答は本書に書かれていませんし、たった一つの正解があるとも限りません。

　あなた一人で、あるいはこういう問題を話し合える人たちといっしょに、じっくり考えてみてください。

第1章 直線上を行ったり来たり

●**研究問題 1-X1**（マイナス×マイナス）
第1章では「正負の数の掛け算」を次の観点で整理しました。

- 同符号の数同士を掛け合わせるか、
  異符号の数同士を掛け合わせるか（p. 4）。
- 正の数を掛けるか、負の数を掛けるか（p. 18）。

あなたなら、正負の数の掛け算をどう整理しますか。

●**研究問題 1-X2**（グラフの交点）
第1章では、放物線 $y = x^2 - x$ と x 軸を描いて《2乗しても変わらない数》を調べていました（p. 27）。放物線 $y = x^2$ と直線 $y = x$ を描いて同じ問題を考えてみましょう。

●**研究問題 1-X3**（2本の数直線を結ぶ）
ユーリは、実数の2乗を二つの数直線を結んで表すときに「線がぐしゃぐしゃになっちゃう！」と言い、直線で結ぶことをやめてしまいました（p. 24）。もしやめなかったら、どんな図ができたでしょう。

●**研究問題 1-X4** $((-1) \times (-1) = 1)$

いくつかの計算の法則を認めるなら、$(-1) \times (-1) = 1$ を導くことができます。以下の式変形を詳しく調べて、各ステップでどんな計算の法則を使っているかを考えてみましょう。

$$(-1) \times 0 = 0$$

$$(-1) \times ((-1) + 1) = 0$$

$$(-1) \times (-1) + (-1) \times 1 = 0$$

$$(-1) \times (-1) + (-1) = 0$$

$$(-1) \times (-1) + (-1) + 1 = 0 + 1$$

$$(-1) \times (-1) + 0 = 1$$

$$(-1) \times (-1) = 1$$

第2章 平面上を動き回って

●**研究問題 2-X1**（虚数の大小関係）

第2章で、複素数の大小関係を定義できないという話題がありました（p. 65）。これに対して、ある人が次のようなことを考えました。あなたはどう思いますか。

i と 0 の大小関係は定義できないかもしれないが、$2+i$ と $1+i$ の大小関係は定義できる。なぜなら、$(2+i)-(1+i)=1>0$ だから、

$$(2+i)-(1+i)>0$$

になる。両辺に $1+i$ を加えると、

$$2+i>1+i \qquad (?)$$

がいえる。

●研究問題 2-X2 （辞書式順序）
第2章で、複素数の大小関係を定義できないという話題がありました（p. 65）。これに対して、ある人が次のようなことを考えました。あなたはどう思いますか。

二つの異なる複素数 $a + bi$ と $c + di$ に対して、

- 実部が異なる複素数同士では、
  実部が大きい複素数の方が "大きい" と定義する。
- 実部が等しい複素数同士では、
  虚部が大きい複素数の方が "大きい" と定義する。

と定義すればどうか。つまり、次のように定義する。

$$a + bi < c + di \iff a < c \text{ または } (a = c \text{ かつ } b < d)$$

●研究問題 2-X3 （行列の相等）
第2章では複素数の相等を定義しました（p. 63）。この定義と、行列の相等の定義とを比較してみましょう*。どんな点が似ていますか。

---

* 『数学ガールの秘密ノート／行列が描くもの』第1章を参照。

●**研究問題 2-X4**（分数で表記された有理数の相等）

第 2 章では複素数の相等を定義しました（p. 63）。同じこと
を分数で表記された有理数について考えてみましょう。すな
わち、整数 a, b, c, d が与えられて $b \neq 0, d \neq 0$ としたとき、

$$\frac{a}{b} = \frac{c}{d}$$

が成り立つのはどういうときか、a, b, c, d を使って定義しま
しょう。ただし、その定義では割り算や分数は使えません。

●**研究問題 2-X5**（複素平面）

第 2 章では、実軸と虚軸を直交させて複素平面を描いていま
した。実軸と虚軸が直交しない複素平面を構成することはで
きるでしょうか。また、実軸と虚軸を曲線にすることはでき
るでしょうか。自由に考えてみましょう。

第3章 水面に映る星の影

●**研究問題 3-X1**（共役複素数）

複素数 $a + bi$ の虚部の符号を反転して得られる共役複素数 $a - bi$ にはおもしろい性質がいろいろありました。では実部を反転した複素数 $-a + bi$ にはおもしろい性質はあるでしょうか。自由に考えてみましょう。

●**研究問題 3-X2**（複素数係数の二次方程式）

第 2 章では A を実数として二次方程式 $x^2 = A$ を考えました。では、A を複素数としたとき、$x^2 = A$ を満たす x はどのようにして求めたらいいでしょうか。考えてみましょう。

●**研究問題 3-X3**（複素数の積と相似）

複素平面上の点として 2 個の複素数 α, β を決め、$\alpha \neq 0, \alpha \neq 1, \beta \neq 0, \beta \neq 1$ であるとします。このとき、「原点と 2 個の複素数 $1, \alpha$ が作る三角形 A」は「原点と 2 個の複素数 $\beta, \alpha\beta$ が作る三角形 B」と相似になることを証明してください。

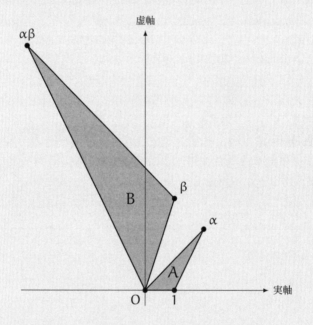

また、複素数 z が複素平面上で三角形 A の辺や内部の点になるとき、複素数 $z\beta$ は複素平面上でどこにあるか考えてみましょう。

第4章 組み立てペンタゴン

●研究問題 4-X1 （正一角形と正二角形）

問題 4-1 で正 n 角形の頂点にある複素数を求めました（p. 201）。問題 4-1 では n は 3 以上の整数という条件がありましたが、$n = 1$ と $n = 2$ のときにどうなるかを考えてみましょう。これはいわば、正一角形と正二角形について考えることになります。

●研究問題 4-X2 （正三角形、正方形、正六角形）

第 4 章では、正五角形の頂点を計算しました。同じように、正三角形、正方形、正六角形の頂点を計算してみましょう。

●研究問題 4-X3 （正 n 角形）

複素平面上に置いた正 n 角形の頂点を三角関数で書き表すことは、どんな正の整数 n に対しても可能です。それでは三角関数の代わりに $\sqrt{}$ で書き表すことは、どんな正の整数 n に対しても可能でしょうか。

●研究問題 4-X4（n 次方程式と共役複素数）

問題 4-5 では、β が二次方程式の解ならば、$\overline{\beta}$ も解になるか否かを考えました（p. 204）。では、それを n 次方程式に一般化した問題を考えましょう（n は正の整数）。

$a_0, a_1, \ldots, a_n$ は実数で、$a_n \neq 0$ とします。複素数 β が、

$$a_n \beta^n + a_{n-1} \beta^{n-1} + \cdots + a_1 \beta + a_0 = 0$$

を満たすとき、β の共役複素数 $\overline{\beta}$ は、

$$a_n \overline{\beta}^n + a_{n-1} \overline{\beta}^{n-1} + \cdots + a_1 \overline{\beta} + a_0 = 0$$

を満たすといえますか。

●研究問題 4-X5（ド・モアブルの定理）

任意の整数 n について、

$$(\cos \theta + i \sin \theta)^n = \cos n\theta + i \sin n\theta$$

が成り立つことを証明しましょう。

ヒント：$n = 2$ の場合は、第 3 章で行った $z_1 z_2$ の計算（p. 116）において、$z_1 = z_2 = \cos \theta + i \sin \theta$ と置けば証明できます。

第5章 三次元の数、四次元の数

●**研究問題 5-X1**（式の形）

第5章でテトラちゃんは、

$$(a, b)(c, d) = (ac - bd, ad + bc)$$

に出てきた $ad + bc$ に注目しました。そして、$ad - bc$ に似ていると気付き、$\begin{pmatrix} a & b \\ c & d \end{pmatrix}$ の行列式へと考えを進めました（p. 236）。ここに出てきた式 $ac - bd$ と $ad + bc$ について、あなたも自由に考えてみましょう。

●**研究問題 5-X2**（複素数が満たす法則）

第3章でテトラちゃんは、$(a + bi)(c + di)$ の計算を行いました（p. 104）。

$$
\begin{aligned}
(a + bi)(c + di) &= (a + bi)c + (a + bi)di && \text{①} \\
&= ac + bic + adi + bidi && \text{②} \\
&= ac + bci + adi + bdii && \text{③} \\
&= ac + bci + adi - bd && \text{④} \\
&= (ac - bd) + (ad + bc)i && \text{⑤}
\end{aligned}
$$

①〜⑤の各ステップでは、複素数のどんな法則を用いたでしょうか（複数の法則を用いたステップもあります）。「複素数が満たす法則」は p. 224 参照。

●研究問題 5-X3（i と j）

第 5 章でテトラちゃんは、虚数単位 i に対応する行列として、

$$\begin{pmatrix} 0 & -1 \\ 1 & 0 \end{pmatrix}$$

を考えていました（p. 238）。しかし、p. 249 では、この行列は i ではなく以下のように j に対応しています。

$$E = \begin{pmatrix} 1 & 0 \\ 0 & 1 \end{pmatrix} \quad I = \begin{pmatrix} i & 0 \\ 0 & -i \end{pmatrix} \quad J = \begin{pmatrix} 0 & -1 \\ 1 & 0 \end{pmatrix} \quad K = \begin{pmatrix} 0 & -i \\ -i & 0 \end{pmatrix}$$

$$\begin{array}{ccccccc} aE & + & bI & + & cJ & + & dK \\ \updownarrow & & \updownarrow & & \updownarrow & & \updownarrow \\ a & + & bi & + & cj & + & dk \end{array}$$

この違いはどこから生まれたのでしょうか。またこれは何か問題になるでしょうか。

●研究問題 5-X4 （四元数群）

互いに異なる 8 個の要素からなる集合 Q_8 として、

$$Q_8 = \left\{ e, i, j, k, E, I, J, K \right\}$$

を考えます。そして、この集合 Q_8 に対し演算表によって二項演算 $*$ を定義します。演算表の各空欄 □ には Q_8 の要素が一つずつ入りますが、まだ埋められていません。

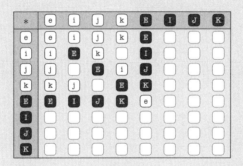

演算表

たとえば、この演算表により、

$$i * j = k$$

や、

$$k * E = K$$

などがわかります。二項演算 $*$ が結合法則を満たすと仮定したとき、交換法則は満たすでしょうか。また、矛盾なく演算表の空欄を埋めることはできるでしょうか。

補足

　たとえば、次のような計算により $e * K = K$ であるとわかります。

$$e * K = e * (E * k) \qquad 演算表から K = E * k\ なので$$

$$= (e * E) * k \qquad 結合法則より$$

$$= E * k \qquad 演算表から e * E = E\ なので$$

$$= K \qquad 演算表から E * k = K\ なので$$

※ $(Q_8, *)$ は四元数群と呼ばれています。

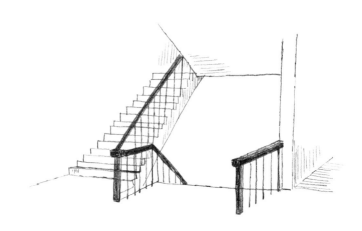

●**研究問題 5-X5**（《n 次元の数》）

第 5 章の付録：複素数を拡張した《三次元の数》が複素数になることの証明（p. 253）では、複素数を拡張した、

$$a + bi + cj$$

という数が結局は複素数に他ならないことを証明しました。これを一般化してみましょう。すなわち、正の整数 n に対して、

$$a_1 i_1 + a_2 i_2 + a_3 i_3 + \cdots + a_n i_n$$

で表される数を考え、複素数が満たす法則（p. 224）が成り立つと仮定すると、この数は複素数（$n = 1$ の場合は実数）に他ならないことを証明してください。ただし、

- a_k は実数（$k = 1, 2, 3, \ldots, n$）
- $i_1 = 1$
- $i_2 = i$（虚数単位）
- $i_3, i_4, \ldots, i_n$ は新しい数を表す文字

とします。

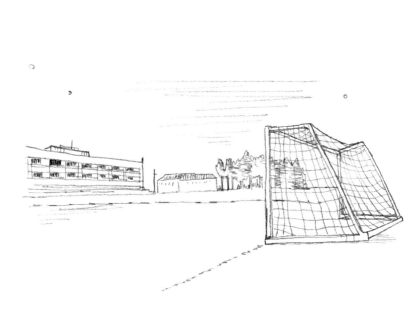

あとがき

こんにちは、結城浩です。

『数学ガールの秘密ノート／複素数の広がり』をお読みくださり、ありがとうございます。

本書は、実数の計算と数直線、複素数の計算と複素平面、共役複素数と方程式の解、正五角形と三角関数、ハミルトンの四元数と行列といった多数の話題をめぐる一冊となりました。彼女たちといっしょに《複素数の広がり》を楽しく体験していただけたでしょうか。

本書は、ケイクス（cakes）での Web 連載「数学ガールの秘密ノート」第161回から第170回までを書籍として再編集したものです。本書を読んで「数学ガールの秘密ノート」シリーズに興味を持った方は、ぜひ Web 連載もお読みください。

「数学ガールの秘密ノート」シリーズは、やさしい数学を題材にして、中学生と高校生たちが楽しい数学トークを繰り広げる物語です。

同じ登場人物たちが活躍する「数学ガール」シリーズという別のシリーズもあります。こちらは、より幅広い数学にチャレンジする数学青春物語です。

「数学ガールの秘密ノート」と「数学ガール」の二つのシリーズ、どちらも応援してくださいね。

本書は、LaTeX 2_ε と Euler フォント（AMS Euler）を使って組版しました。組版では、奥村晴彦先生の『LaTeX 2_ε 美文書作成入門』に助けられました。感謝します。図版は、OmniGraffle, Ti*k*Z, TeX2img を使って作成しました。感謝します。

執筆途中の原稿を読み、貴重なコメントを送ってくださった、以下の方々と匿名の方々に感謝します。当然ながら、本書中に残っている誤りはすべて筆者によるものであり、以下の方々に責任はありません。

安福智明さん、安部哲哉さん、井川悠祐さん、石宇哲也さん、
稲葉一浩さん、上原隆平さん、植松弥公さん、岡内孝介さん、
鏡弘道さん、梶田淳平さん、木村巌さん、郡茉友子さん、
杉田和正さん、とあるけみすとさん、中山琢さん、
西尾雄貴さん、藤田博司さん、
梵天ゆとりさん（メダカカレッジ）、前原正英さん、
増田菜美さん、松森至宏さん、三河史弥さん、村井建さん、
森木達也さん、矢島治臣さん、山田泰樹さん。

「数学ガールの秘密ノート」と「数学ガール」の両シリーズをずっと編集してくださっている SB クリエイティブの野沢喜美男編集長に感謝します。

ケイクスの加藤貞顕さんに感謝します。

執筆を応援してくださっているみなさんに感謝します。

最愛の妻と子供たちに感謝します。

本書を最後まで読んでくださり、ありがとうございます。

では、次回の『数学ガールの秘密ノート』でお会いしましょう！

2020 年 4 月
結城 浩

参考文献と読書案内

[1] 結城浩, 『数学ガールの秘密ノート／ベクトルの真実』, SB クリエイティブ, ISBN978-4-7973-8232-7, 2015 年.
ベクトルの基本を対話を通して学んでいく読み物です。〔本書に関連する話題として、計算で《向き》を考えること、複素数の和を考えること、三角関数などを含んでいます〕

[2] 結城浩, 『数学ガールの秘密ノート／丸い三角関数』, SB クリエイティブ, ISBN978-4-7973-7568-8, 2014 年.
三角関数の基本を対話を通して学んでいく読み物です。〔本書に関連する話題として、単位円、sin 関数と cos 関数、回転行列、ベクトルなどを含んでいます〕

[3] 結城浩, 『数学ガールの秘密ノート／行列が描くもの』, SB クリエイティブ, ISBN978-4-7973-9530-3, 2018 年.
行列の基本を対話を通して学んでいく読み物です。〔本書に関連する話題として、行列の四則演算、零行列、単位行列、零因子、回転行列、行列式、複素数を行列で表現することなどを含んでいます〕

[4] 結城浩, 『数学ガール／フェルマーの最終定理』, SB クリエイティブ, ISBN978-4-7973-4526-1, 2008 年.
「数学ガール」シリーズ二作目。整数の《ほんとうの姿》を探し求める物語です。〔本書に関連する話題として、複

素数の和と積、i による回転、時計巡回を含んでいます〕

[5] 結城浩, 『数学ガール／乱択アルゴリズム』, SB クリエイ
ティブ, ISBN978-4-7973-6100-1, 2011 年.
　　「数学ガール」シリーズ四作目。ランダムな選択を行う
《乱択アルゴリズム》の可能性を、確率論を使って探る
物語です。〔本書に関連する話題として、行列を含んで
います〕

[6] 結城浩, 『数学ガール／ガロア理論』, SB クリエイティブ,
ISBN978-4-7973-6754-6, 2012 年.
　　「数学ガール」シリーズ五作目。夭逝した青年ガロアに
端を発する群論と現代代数学の基本を学んでいく物語で
す。〔本書に関連する話題として、方程式の解の公式、解
と係数の関係、角の三等分問題、対称式、定規とコンパ
スによる作図問題、体の拡大、1 の n 乗根と正 n 角形を
含んでいます〕

[7] 矢野健太郎, 『角の三等分』, 筑摩書房（ちくま学芸文庫）,
ISBN978-4-480-09003-4, 2006 年.
　　定規とコンパスを有限回使っては作図できない「角の三
等分問題」についての読み物です。〔本書に関連する話
題として、角の三等分問題、定規とコンパスによる作図
問題を含んでいます〕

[8] J. H. コンウェイ＋ R. K. ガイ, 根上生也訳, 『数の本』, シュ
プリンガー・フェアラーク東京株式会社, ISBN978-4-621-
06207-4, 2001 年.
　　さまざまな数とその性質について解説している読み物で
す。〔ハミルトンの四元数について参考にしました〕

[9] 志賀浩二, 『複素数 30 講』, 朝倉書店, ISBN978-4-254-11481-
2, 1989 年.

ステップ・バイ・ステップで複素数をやさしく学べる数
学書です。〔本書の第 5 章の付録：複素数を拡張した《三
次元の数》が複素数になることの証明（p. 253）に関し
て参考にしました〕

[10] 矢野忠,『四元数の発見』, 海鳴社, ISBN978-4-87525-314-3,
2014 年.
　　　四元数発見の経緯、四元数と空間における回転の関係を
扱った数学書です。〔ハミルトンの「三元数」の扱いに
ついて参考にしました〕

[11] 足立恒雄,『数―体系と歴史―』, 朝倉書店, ISBN978-4-254-
11088-3, 2002 年.
　　　数の体系を追いながら、数学の主要な概念に繰り返し触
れていく数学書です。

[12] ティモシー・ガワーズ＋ジューン・バロウ＝グリーン＋イ
ムレ・リーダー編, 砂田利一＋石井仁司＋平田典子＋二木
昭人＋森真監訳,『プリンストン数学大全』, 朝倉書店,
ISBN978-4-254-11143-9, 2015 年.
　　　数学のさまざまな分野を幅広く解説した事典です。
〔第 5 章後半の構成に関して「四元数，八元数，ノル
ム斜体」（pp. 307–311）を参考にしました〕

[13] 松坂和夫,『代数系入門』, 岩波書店, ISBN978-4-000-29873-5,
2018 年.
　　　代数学の教科書です。〔複素数全般と四元数の構成、な
らびに四元数群（p. 326）について参考にしました〕

[14] 梅田亨,『代数の考え方』, 日本放送出版協会, ISBN978-4-
595-31217-5, 2010 年.
　　　代数学の教科書です。〔複素平面と複素数平面という用
語について参考にしました〕

複素数平面と複素平面

執筆時点の日本の高等学校では「複素数平面」という用語を使っていますが、本書では数学書で多く使われている「複素平面」という用語を使いました。どちらも同じものを表しており、数学書では「ガウス平面」という用語も使われます。用語については第 2 章の対話（p. 61）ならびに参考文献 [14] も参照してください。

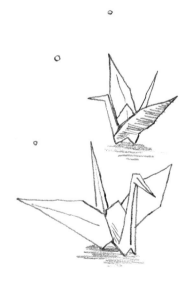

索引

●結城浩の著作

『C 言語プログラミングのエッセンス』，ソフトバンク，1993（新版：1996）
『C 言語プログラミングレッスン　入門編』，ソフトバンク，1994
　　（改訂第 2 版：1998）
『C 言語プログラミングレッスン　文法編』，ソフトバンク，1995
『Perl で作る CGI 入門　基礎編』，ソフトバンクパブリッシング，1998
『Perl で作る CGI 入門　応用編』，ソフトバンクパブリッシング，1998
『Java 言語プログラミングレッスン（上）（下）』，
　　ソフトバンクパブリッシング，1999（改訂版：2003）
『Perl 言語プログラミングレッスン　入門編』，
　　ソフトバンクパブリッシング，2001
『Java 言語で学ぶデザインパターン入門』，
　　ソフトバンクパブリッシング，2001　（増補改訂版：2004）
『Java 言語で学ぶデザインパターン入門　マルチスレッド編』，
　　ソフトバンクパブリッシング，2002
『結城浩の Perl クイズ』，ソフトバンクパブリッシング，2002
『暗号技術入門』，ソフトバンクパブリッシング，2003
『結城浩の Wiki 入門』，インプレス，2004
『プログラマの数学』，ソフトバンクパブリッシング，2005
『改訂第 2 版 Java 言語プログラミングレッスン（上）（下）』，
　　ソフトバンククリエイティブ，2005
『増補改訂版 Java 言語で学ぶデザインパターン入門　マルチスレッド編』，
　　ソフトバンククリエイティブ，2006
『新版 C 言語プログラミングレッスン　入門編』，
　　ソフトバンククリエイティブ，2006
『新版 C 言語プログラミングレッスン　文法編』，
　　ソフトバンククリエイティブ，2006
『新版 Perl 言語プログラミングレッスン　入門編』，
　　ソフトバンククリエイティブ，2006
『Java 言語で学ぶリファクタリング入門』，
　　ソフトバンククリエイティブ，2007
『数学ガール』，ソフトバンククリエイティブ，2007
『数学ガール／フェルマーの最終定理』，ソフトバンククリエイティブ，2008
『新版暗号技術入門』，ソフトバンククリエイティブ，2008

『数学ガール／ゲーデルの不完全性定理』，
　　ソフトバンククリエイティブ，2009
『数学ガール／乱択アルゴリズム』，ソフトバンククリエイティブ，2011
『数学ガール／ガロア理論』，ソフトバンククリエイティブ，2012
『Java 言語プログラミングレッスン　第 3 版（上・下）』，
　　ソフトバンククリエイティブ，2012
『数学文章作法　基礎編』，筑摩書房，2013
『数学ガールの秘密ノート／式とグラフ』，
　　ソフトバンククリエイティブ，2013
『数学ガールの誕生』，ソフトバンククリエイティブ，2013
『数学ガールの秘密ノート／整数で遊ぼう』，SB クリエイティブ，2013
『数学ガールの秘密ノート／丸い三角関数』，SB クリエイティブ，2014
『数学ガールの秘密ノート／数列の広場』，SB クリエイティブ，2014
『数学文章作法　推敲編』，筑摩書房，2014
『数学ガールの秘密ノート／微分を追いかけて』，SB クリエイティブ，2015
『暗号技術入門　第 3 版』，SB クリエイティブ，2015
『数学ガールの秘密ノート／ベクトルの真実』，SB クリエイティブ，2015
『数学ガールの秘密ノート／場合の数』，SB クリエイティブ，2016
『数学ガールの秘密ノート／やさしい統計』，SB クリエイティブ，2016
『数学ガールの秘密ノート／積分を見つめて』，SB クリエイティブ，2017
『プログラマの数学　第 2 版』，SB クリエイティブ，2018
『数学ガール／ポアンカレ予想』，SB クリエイティブ，2018
『数学ガールの秘密ノート／行列が描くもの』，SB クリエイティブ，2018
『C 言語プログラミングレッスン　入門編　第 3 版』，
　　SB クリエイティブ，2019
『数学ガールの秘密ノート／ビットとバイナリー』，SB クリエイティブ，2019
『数学ガールの秘密ノート／学ぶための対話』，SB クリエイティブ，2019

本書をお読みいただいたご意見、ご感想を以下の QR コード、URL よりお寄せください。

https://isbn2.sbcr.jp/06022/

数学ガールの秘密ノート／複素数の広がり

2020 年 7 月 25 日　初版発行

著　者：結城　浩

発行者：小川　淳

発行所：SBクリエイティブ株式会社
　　　　　〒106-0032　東京都港区六本木 2-4-5
　　　　　　　　　　　営業　03(5549)1201
　　　　　　　　　　　編集　03(5549)1234

印　刷：株式会社リーブルテック

装　丁：米谷テツヤ

カバー・本文イラスト：たなか鮎子

Printed in Japan　　　　　　　　　　　　ISBN978-4-8156-0602-2